U0248020

《消防设施通用规范》
GB 55036—2022
实 施 指 南

《XIAOFANG SHESHI TONGYONG GUIFAN》
GB 55036—2022
SHISHI ZHINAN

规范编制组 编著

中国计划出版社
北京

图书在版编目（ＣＩＰ）数据

《消防设施通用规范》GB 55036-2022实施指南 ／ 规范编制组编著. -- 北京 ：中国计划出版社，2022.11（2023.7重印）

ISBN 978-7-5182-1492-1

Ⅰ．①消… Ⅱ．①规… Ⅲ．①消防设备－国家标准－中国－指南 Ⅳ．①TU998.13-65

中国版本图书馆CIP数据核字(2022)第188553号

策划编辑：李　颖　刘　涛　　责任编辑：刘　涛
封面设计：钟　辉　　　　　　责任校对：杨奇志　谭佳艺
责任印制：李　晨　王亚军

中国计划出版社出版发行

网址：www.jhpress.com

地址：北京市西城区木樨地北里甲 11 号国宏大厦 C 座 3 层

邮政编码：100038　电话：（010）63906433（发行部）

北京汇瑞嘉合文化发展有限公司印刷

850mm×1168mm　1 /32　7.75 印张　202 千字

2022 年 11 月第 1 版　2023 年 7 月第 3 次印刷

印数 35001—50000 册

定价：79.00 元

编写人员名单

主　　编：倪照鹏

编写人员：（按姓氏笔画排序）

　　　　　　杨丙杰　　郝爱玲　　倪照鹏　　黄晓家

　　　　　　智会强　　阙　强

序

按照国务院《深化标准化工作改革方案》（国发〔2015〕13号）要求，住房和城乡建设部印发了《深化工程建设标准化工作改革的意见》（建标〔2016〕166号），明确提出构建以全文强制性工程建设规范（以下简称"工程规范"）为核心，推荐性标准和团体标准为配套的新型工程建设标准体系。通过制定工程规范，筑牢工程建设技术"底线"，按照工程规范规定完善推荐性工程技术标准和团体标准，细化技术要求，提高技术水平，形成政府与市场共同供给标准的新局面，逐步实现与"技术法规与技术标准相结合"的国际通行做法接轨。

工程规范作为工程建设的"技术法规"，是勘察、设计、施工、验收、维护等建设项目全生命周期必须严格执行的技术准则。在编制方面，与现行工程建设标准规定建设项目技术要求和方法不同，工程规范突出强调对建设项目的规模、布局、功能、性能及关键技术措施的要求。在实施方面，工程规范突出强调以建设目标和结果为导向，在满足性能化要求前提下，技术人员可以结合工程实际合理选择技术方法，创新技术实现路径。

《消防设施通用规范》GB 55036—2022发布后，我部标准定额研究所组织规范编制单位，在条文说明的基础上编制了《〈消防设施通用规范〉GB 55036—2022实施指南》，供相关工程建设技术和管理人员在工作中研究参考，希望能为上述人员准确把握、正确执行条文规定提供帮助。

住房和城乡建设部标准定额司

前　言

　　为适应国际技术法规与技术标准通行规则，2016 年以来，住房和城乡建设部陆续印发《深化工程建设标准化工作改革的意见》等文件，提出政府制定强制性标准、社会团体制定自愿采用性标准的长远目标，明确了逐步用全文强制性工程建设规范取代现行标准中分散的强制性条文的改革任务，逐步形成由法律、行政法规、部门规章中的技术性规定与全文强制性工程建设规范构成的"技术法规"体系，并分别自 2021 年开始陆续批准发布了 40 项全文强制的工程建设规范。《消防设施通用规范》GB 55036—2022 是其中的一项。

　　为便于使用人员领会规范条文的本意，把握其实施要点，准确执行规范，我们组织规范的主要起草人员编写了《〈消防设施通用规范〉GB 55036—2022 实施指南》（以下简称"本指南"）。本指南解释了各类消防设施的构成、作用及相关术语，并紧扣规范条文着重说明条文规定的内涵和外延，如何实现条文所规定的功能和性能要求，如何判定实际工程做法符合规范要求。

　　本指南可供住建部门消防设计审查与验收人员、设计和图审机构的技术人员、社会中介服务机构从业人员、消防设施施工和维保人员、大专院校相关专业师生等使用。

　　本指南由倪照鹏主编和审定，具体编写人员有：中国矿业大学倪照鹏教授（第 1 章、第 2 章、第 12 章），中国中元国际工程有限公司黄晓家大师（第 3 章），应急管理部天津消防研究所杨丙杰副研究员（第 4 章、第 9 章）、智会强副研究员（第 5 章、第 11 章）、郝爱玲副研究员（第 6 章、第 7 章）、阚强副研究员（第 8 章、第 10 章）。

　　由于时间仓促，编者水平有限，缺点甚至错误在所难免，敬请读者及时指正，以便再版时修订完善。有关意见和建议，请发送至 nizhaopeng@sina.com。

　　本指南能够在短时间内与国家标准《消防设施通用规范》GB 55036—2022 同步出版，要感谢中国计划出版社李颖和刘涛老师的鼓励和精心编辑，感谢斯美特（深圳）安全技术顾问有限公司宋小强、谢瑞云先生不辞辛苦制作了全部插图，丰富了本书内容。

2022 年 10 月

目　　次

1 总　　则

1.0.1 为使建设工程中的消防设施有效发挥作用，减少火灾危害，依据有关法律、法规，制定本规范。

【条文要点】

　　本条确定了本规范编制的目的。本规范规定了建设工程中各类消防设施的设置目标，应具备的基本性能和功能，安装、调试、验收、使用和维护等方面应满足的基本要求，以确保各类消防设施的设计和安装质量，在投入使用后能保持正常运行状态，使这些消防设施能在建设工程发生火灾时按照既定要求和功能发挥有效作用。例如，消防给水和灭火设施主要发挥控火和灭火的作用，排烟设施主要起排烟排热、维持室内有较长时间安全环境的作用，火灾自动报警系统的主要功能为探测火情或可燃气体等、发出火警、引导疏散和联动控制相关设备。

【实施要点】

　　（1）本规范所规定的建设工程，包括各类地上和地下的工业与民用建筑、市政工程与设施、轨道交通工程、城市交通隧道和公路隧道工程、人防工程、加油加气加氢站及其合建站、码头、管廊或共同沟及电缆隧道、各类生产装置、塔、筒仓、可燃气体和液体储罐等构筑物、可燃材料堆场及集装箱堆场，不包括核电建筑和工程、军事建筑和工程、矿山工程、炸药和烟火爆竹等火工品建筑和工程。

　　（2）本规范规定的内容为消防给水系统、室内和室外消火栓系统、各类自动灭火系统、灭火器、防烟和排烟系统及火灾自动报警系统的设计、安装、调试、验收和日常维护检查的基本技术要求，不包括哪些建设工程或建设工程中的哪些部位或场所需要设置何种消防设施的要求。例如，建筑中某些场所根据建筑防火标准的规定确定需要设置自动灭火系统后，就需要根据本规范的规定确定选用合适类型的自动喷水灭火系统，并确定该系统的相关技术参数和安装、调试及验收等应达到的要求。

对于哪些建设工程或者一项建设工程中的哪些部位是否需要设置哪类消防设施，应根据建筑防火通用规范，可燃物储罐、装置及堆场防火通用规范以及现行国家标准《建筑设计防火规范》GB 50016 等各类建筑防火类标准的规定确定。

1.0.2 建设工程中消防设施的设计、施工、验收、使用和维护必须执行本规范。

【条文要点】

本条规定了本规范的适用范围。

【实施要点】

（1）本规范规定了设置在建设工程中的各类消防设施设计、施工、验收、使用和维护的基本要求，均属于强制性规定，必须严格执行。为促进技术进步，鼓励新技术、新材料、新方法和新产品的应用，本规范只规定了消防设施的基本要求和关键技术参数，未规定各类消防设施、各类技术参数更详细的具体指标要求和针对性的详细维护保养要求。因此，在实际工程建设和消防设施的设计、施工、验收、使用和日常维护过程中，还需要在执行本规范规定的基础上按照相应消防设施的技术标准进一步确定保证消防设施有效发挥作用的设计、施工、验收的技术措施及要求和使用与维护的要求。例如，现行国家标准《消防给水及消火栓系统技术规范》GB 50974、《自动喷水灭火系统设计规范》GB 50084、《自动喷水灭火系统施工及验收规范》GB 50261、《泡沫灭火系统技术标准》GB 50151、《细水雾灭火系统技术规范》GB 50898、《水喷雾灭火系统技术规范》GB 50219、《固定消防炮灭火系统设计规范》GB 50338、《固定消防炮灭火系统施工与验收规范》GB 50498、《自动跟踪定位射流灭火系统技术标准》GB 51427、《气体灭火系统设计规范》GB 50370、《气体灭火系统施工及验收规范》GB 50263、《干粉灭火系统设计规范》GB 50347、《二氧化碳灭火系统设计规范》GB 50193、《火灾自动报警系统设计规范》GB 50116、《火灾报警系统施工及验收标准》GB 50166、《消防应急照明和疏散指示系统技术标准》GB 51309、《建筑灭火器配置设计规范》GB 50140、《建筑灭火器配置验收及检查规范》GB 50444、《建筑防烟排烟系统技术标准》GB 51251、《建筑消防设施检测技术规程》XF 503 和《建筑消防设施的维护管理》GB 25201 等。

（2）本规范规定的建设工程中的消防设施包括消防给水系统、室内和室外消火栓系统，自动喷水灭火系统、水喷雾灭火系统、细水雾灭火系统、固定消防炮灭火系统、自动跟踪定位射流灭火系统、七氟丙烷和二氧化碳等各类气体灭火系统、干粉灭火系统等各类灭火系统，防烟系统、排烟系统，火灾自动报警系统，灭火器和厨房自动灭火装置、气溶胶自动灭火装置等。对于本规范未明确规定的消防设施，在工程建设和使用与维护过程中，应根据本规范第 2 章确定的基本要求及相应消防设施的功能与性能要求及技术标准确定其设计、施工、验收、使用和维护的要求。

1.0.3 工程建设所采用的技术方法和措施是否符合本规范要求，由相关责任主体判定。其中，创新性的技术方法和措施应进行论证并符合本规范中有关性能的要求。

【条文要点】

本条规定了建设工程中采用的消防设施或消防设施的设计和施工的方法、材料、产品和技术等与本规范的规定不同或有特殊要求时的解决方案。

【实施要点】

（1）本规范主要规定了在建设工程中设置的各类消防设施应满足的基本目标、功能和性能要求。这样的规定可以极大地方便在实际工程建设中选用更加合理的消防设施，使所设置的消防设施的设计更有针对性，能更好地满足工程防火和减灾的需要，从而尽可能地既保障建设工程的消防安全，又提高消防设施的投资效益。在一项具体建设工程中设置的消防设施是否符合本规范的要求，要根据本规范有关相应消防设施的基本要求和设置该消防设施的功能目标（例如，是防护冷却还是防火分隔？是灭火还是控火？是火灾报警还是火灾报警与联动？是排烟还是防烟等），按照这些消防设施可以具备的性能和功能判定，并在此基础上确定消防设施及其相关部件和管道及附件材料等的技术性能和相关参数指标。现行国家相关标准已有明确规定且在实际工程建设中直接采用的消防设施，当符合相应的国家标准要求时，可以直接判定为符合本规范要求；建设工程中设置的消防设施，当现行国家相关标准未明确规定其设计、施工、调试和验收等要求，或者采用的性能和参数与现行国家相关标准的规定不一致时，应由"相关责任主体"判定是否符合本规范要求。

（2）本规范的规定不限制任何新技术、新材料、新方法和新产品的应用。当在建设工程中采用新的消防设施或在消防设施中采用新的技术、材料和措施时，应对采用的新消防设施或消防设施中的新技术、新方法和新措施等的性能和功能是否符合其设置目标和所需性能与功能要求开展专项技术论证，包括相应的试验或实验验证、专家评审等工作，以确定其是否符合本规范要求。有关技术论证工作可以由"相关责任主体"负责，相关技术论证结论的采用应符合国家现行工程建设和消防安全管理的法律法规（如见证试验、专家评审或论证等）。

（3）本条规定的"相关责任主体"为确定建设工程中设置和选用相应消防设施的主体，可以是建设单位、设计单位、第三方专业消防技术服务机构或消防设施供应商、建筑消防设计施工图审查机构、建筑消防设计审查部门或其授权委托的个人或机构。

2 基 本 规 定

2.0.1 用于控火、灭火的消防设施，应能有效地控制或扑救建（构）筑物的火灾；用于防护冷却或防火分隔的消防设施，应能在规定时间内阻止火灾蔓延。

【条文要点】

本条规定了用于控火、灭火、防护冷却、防火分隔的消防设施的基本设置目标要求。这些要求主要从现行国家标准《自动喷水灭火系统设计规范》GB 50084—2017 等灭火设施设计标准和消防给水技术标准的相关规定提炼而来。

【实施要点】

建设工程在根据建筑防火类标准确定需要设置某种消防设施后，先应根据设置场所的建筑空间特性、火灾危险性、可燃物类型和火灾特点确定设置消防设施的设计目标，再在这种消防设施的各种类型中选择和确定可适用的消防设施类型，然后在可选用类型的消防设施中综合考虑设计目标、设置环境条件、工程投资情况、运行维护要求等因素选择更有效、安全环保、经济合理的类型。

（1）自动喷水灭火系统、水喷雾灭火系统、细水雾灭火系统、泡沫灭火系统、气体灭火系统、干粉灭火系统、固定消防炮灭火系统、自动扫描定位射流灭火系统和灭火器以控制、抑制、扑灭建设工程中发生的初起火为主要目标。室内和室外消火栓系统以扑灭室外或建筑室内各阶段火灾为主要目标，辅以对着火建筑及相邻建（构）筑物的冷却保护和防火隔断的作用。其中，控制或抑制火灾是通过水等灭火介质对可燃物燃烧过程的作用在短时间内限制火势增长或迅速降低火灾热释放速率，扑灭火灾是通过灭火介质的作用在一定时间内终止可燃物的燃烧过程，使火熄灭。

不同类型灭火设施或灭火器的灭火机理不尽相同。自动喷水灭火系统、水喷雾灭火系统、泡沫灭火系统、固定消防水炮或泡沫炮灭火系统、自动扫描定位射流灭火系统、消火栓系统等水基灭火系统和水基灭火器，主要通过喷出的水吸收燃烧释放的热量抑制燃烧的增长，使燃烧终止而不能持续，从而实现灭火。其中，泡沫灭火系统和泡沫灭火器所释放的泡沫还能在燃烧物表面形成一定厚度的泡沫层起到隔绝氧的作用，使燃烧物表面与空气隔离导致燃烧过程因缺氧而终止。细水雾灭火系统主要以稀释氧和吸收燃烧热为主实现抑制可燃物燃烧和灭火的目标。

气体灭火系统和气体灭火器的灭火剂有两大类型：一类为二氧化碳和 IG541、IG100 等惰性气体，另一类为七氟丙烷、三氟甲烷等卤代烃和全氟己酮等。前者主要通过在燃烧物表面周围形成一定浓度的含灭火剂的气氛，降低其氧浓度而抑制和终止燃烧持续进行，以物理灭火作用为主；后者主要通过灭火剂遇热分解的挥发性物质与燃料在燃烧过程中产生的自由基或活性基团发生化学抑制和负催化作用，使燃烧的链反应中断而灭火，以化学灭火作用为主。

干粉灭火系统和干粉灭火器主要通过喷出的干粉灭火剂遇热分解的挥发性物质与燃料在燃烧过程中产生的自由基或活性基团发生化学抑制和负催化作用，使燃烧的链反应中断而灭火，同时还可以在燃烧物表面形成一层皂化层导致燃烧过程因缺氧而终止。

（2）防护冷却自动喷水系统、防护冷却水幕系统主要通过冷却防护对象起到使防护对象不被破坏的作用。防火分隔水幕系统通过在分隔部位形成一定厚度和喷水强度的水幕起到阻止火势和烟气通过的防火分隔作用。

防护冷却自动喷水系统、防护冷却水幕系统是自动喷水灭火系统中的两种类型，前者是闭式系统，后者是开式系统。这两种系统均可以利用喷头喷出的水形成水帘或水幕直接作用到被保护对象上，利用水的吸热冷却作用降低火焰或辐射热对被保护对象的破坏性作用。例如，在储罐外壁上设置防护冷却自动喷水系统，可以降低相邻着火储罐对本储罐罐体的热辐射作用；在防火分隔用的非隔热性防火玻璃墙或防火卷帘等设施上设置防护冷却自动喷水系统或防护冷却水幕系统，可以提高这些防火分隔设施的隔热性能，阻止辐射热穿透防火分隔物体而引燃着火区域另一侧的可燃物。

水喷雾灭火系统也可以用于防火分隔或防护冷却，用水量偏大，往往不经济，但冷却效果更好，可以用于冷却范围较小、火灾热辐射强度大的部位。例如，水喷雾灭火系统可用于可燃气体和甲、乙、丙类液体的生产装置、储存装置（包括储罐）或装卸设施的防护冷却。液化烃储罐或类似液体储罐可以设置水喷雾灭火系统对储罐冷却降温，防止罐体破坏或储罐发生爆炸。

防火分隔水幕系统也是自动喷水灭火系统的一种类型，该系统可以利用喷头密集喷洒出水形成一定厚度的水墙或水帘阻止火势和烟气横向蔓延而起到防火分隔的作用。例如，现行国家标准《自动喷水灭火系统设计规范》GB 50084—2017 第 5.0.15 条规定，当采用防护冷却自动喷水系统保护防火卷帘、防火玻璃墙等防火分隔设施时，系统应独立设置，且应符合下列规定：

1）喷头设置高度不应超过 8m；当设置高度为 4m ~ 8m 时，应采用快速响应洒水喷头；

2）喷头设置高度不超过 4m 时，喷水强度不应小于 0.5L/（s·m）；当超过 4m 时，每增加 1m，喷水强度应增加 0.1L/（s·m）；

3）喷头设置应确保喷洒到被保护对象后布水均匀，喷头间距应为 1.8m ~ 2.4m；喷头溅水盘与防火分隔设施的水平距离不应大于 0.3m，与顶板的距离应符合《自动喷水灭火系统设计规范》GB 50084—2017 第 7.1.15 条的规定；

4）持续喷水时间不应小于系统设置部位的耐火极限要求。

细水雾灭火系统和水喷雾灭火系统也可以用于防火分隔，但因细水雾灭火系统的用水量少，所需分隔厚度较水喷雾要大。例如，在一座相对封闭的生产车间内的不同防火分区之间设置细水雾或水喷雾灭火系统，可以通过喷头形成足够厚度和足够喷雾强度的细水雾或水雾作用范围阻断火势和烟气在水平方向的蔓延，实现防火分隔的目标。

2.0.2 消防给水与灭火设施应具有在火灾时可靠动作，并按照设定要求持续运行的性能；与火灾自动报警系统联动的灭火设施，其火灾探测与联动控制系统应能联动灭火设施及时启动。

【条文要点】

　　本条规定了消防给水与灭火设施中设备、部件或组件、管道等应具备的可靠性性能和功能要求，不包括供水的可靠性和灭火介质供给的可靠性或有效期。

【实施要点】

　　（1）消防给水系统的可靠性主要取决于消防给水系统供水的可靠度和管网系统中管道的材质、阀门、连接方式或连接件等的可靠性和安装与维护保养质量。消防给水系统根据系统的工作压力分为高压、临时高压和低压消防给水系统，无论哪种消防给水系统的管道、组件、连接方式和连接件的材质和性能（如耐压强度、耐腐蚀性能或防腐蚀性能、管道内部的粗糙度），均应能够在规定的持续供水时间内满足在系统设计工作压力和设计流量下持续正常工作的要求；应在安装时防止管道或阀门堵塞，应在使用过程中确保相关阀门处于正确启闭位置。具体要求，可见现行国家标准《消防给水及消火栓系统技术规范》GB 50974 的详细规定。

　　例如，《消防给水及消火栓系统技术规范》GB 50974—2014第6.1.1条规定，消防给水系统应根据建筑的用途或功能、体积、高度、耐火等级、火灾危险性、重要性、次生灾害、商务连续性、水源条件等因素综合确定其可靠性和供水方式，并应满足水基灭火系统所需流量和压力的要求；第 8.2.1 条规定，消防给水系统中采用的设备、器材、管材管件、阀门和配件等系统组件的产品工作压力等级应大于消防给水系统的系统工作压力，且应保证系统在可能最大运行压力时安全可靠；第 8.2.2 条规定，低压消防给水系统的系统工作压力应根据市政给水管网和其他给水管网等的系统工作压力确定且不应小于 0.60MPa；第 8.2.3 条规定，高压和临时高压消防给水系统的系统工作压力应根据系统在供水时可能的最大运行压力确定，且高位消防水池、水塔供水的高压消防给水系统的系统工作压力应为高位消防水池、水塔最大静压，市政给水管网直接供水的高压消防给水系统的系统工作压力应根据市政给水管网的工作压力确定，采用高位消防水箱稳压的临时高压消防给水系统的系统工作压力应为消防水泵零流量时的压力与水泵吸水口最大静水压力之和，采用稳压泵稳压的临时高压消防给水系统的系统工作压力应取消防水泵零流量时的压力、消防水泵吸水口最大静压二者之和与稳压泵维持系统压力时两者中的较大值；第 14.0.1 条规定，消防给水应保证系统处于准工作状态。

（2）灭火设施的可靠性主要取决于构成灭火设施中各组件、部件和灭火介质输送管网中管道的材质、阀门、连接方式或连接件以及启动方式等的可靠性和安装与维护保养质量。对于水基灭火系统，还应考虑水源和供水系统的可靠性。

不同灭火设施的有关要求，在现行国家相关技术标准中有所规定，具体实施时应结合本规范第 3 章 ~ 第 9 章的规定和国家相关技术标准的要求确定。例如，现行国家标准《自动喷水灭火系统设计规范》GB 50084—2017 第 6.2.1 条规定，自动喷水灭火系统应设置报警阀组，保护室内钢屋架等建筑构件的闭式系统应设置独立的报警阀组，水幕系统应设独立的报警阀组或感温雨淋报警阀；第 8.0.1 条规定，配水管道的工作压力不应大于 1.20MPa，并不应设置其他用水设施。《自动喷水灭火系统施工及验收规范》

GB 50261—2017 第 5.1.1 条～第 5.1.5 条规定了不同类型管道材质的要求，第 5.1.7 条～第 5.1.9 条规定了不同材质管道连接方式的要求。《二氧化碳灭火系统设计规范》GB 50193—93（2010 年版）第 5.1.1 条规定高压二氧化碳灭火系统中储存容器内二氧化碳的充装系数应符合《固定式压力容器安全技术监察规程》的规定；第 5.3.1 条规定高压系统管道及其附件应能承受最高环境温度下二氧化碳的储存压力，低压系统管道及其附件应能承受 4.0MPa 的压力。《泡沫灭火系统技术标准》GB 50151—2021 第 11.0.1 条和《细水雾灭火系统技术规范》GB 50898—2013 第 6.0.1 条均规定，泡沫或细水雾灭火系统投入使用后应保证系统处于准工作状态。

（3）除消火栓系统、自动喷水灭火系统中的雨淋系统、水幕系统、防护冷却系统和防火分隔系统外，泡沫灭火系统、气体灭火系统、干粉灭火系统、其他自动喷水灭火系统等大部分自动灭火设施，均是以控制、抑制和扑灭室内初起火灾为目标。这些灭火设施在绝大多数情况下应处于自动启动的运行状态，均以与火灾自动报警系统联动自动启动的方式作为系统的主要启动方式。同时，为了保证灭火效果，气体灭火系统、干粉灭火系统、细水雾灭火系统等在灭火介质喷放前还需要联动关闭防护区的开口、通风和空气调节系统，切断可燃气体或可燃液体供应管道等。因此，无论是系统设计还是施工、调试以及日常的使用和维护，既要确保此类灭火系统的联动控制系统可以及时正常动作，使系统的响应时间符合有效灭火的要求，也要确保联动的火灾自动报警系统不会因误报或误动作而引发灭火设施误启动。在实际工程中，应重点保证消防设施联动启动和火灾自动报警系统火灾确认的可靠性和及时性。

不同灭火设施的联动控制要求，在相应的灭火系统设计标准和火灾自动报警系统设计标准中有较详细的具体规定。例如，现行国家标准《火灾自动报警系统设计规范》GB 50116—2013 第 4.1.1 条规定，消防联动控制器应能按设定的控制逻辑向各相关的受控设备发出联动控制信号，并接受相关设备的联动反馈信号；第4.2.1条规定，自动喷水灭火系统的联动控制方式应由湿式报警阀压力开关的动作信号作为触发信号直接控制启动喷淋消防泵，联动控制不应受消防联动控制器处于自动或手动状态影响。《干粉灭火系统设计规范》GB 50347—2004第6.0.2条规定，与火灾自动报警系统联动控制的干粉灭火系统，其自动控制应在收到两个独立火灾探测信号后才能启动，并应延迟喷放，延迟时间不应大于30s，且不得小于干粉储存容器的增压时间。《气体灭火系统设计规范》GB 50370—2005等标准也有类似规定。

2.0.3 消防给水与灭火设施的性能和防护措施应与防护对象、防护目的及应用环境条件相适应，满足消防给水与灭火设施稳定和可靠运行的要求。

【条文要点】

本条规定了保证消防给水与灭火设施有效发挥作用的基本性能和防护要求，主要为消防设施中各部件或组件、管道、阀门及相关控制器件、配电线路等能在相应环境条件下长期正常工作的要求，消防设施的效能能够满足相应设置场所的防护目标要求，特别是要满足消防给水与灭火设施稳定运行和可靠运行的要求。

【实施要点】

（1）消防给水系统和灭火设施的设备、管道、管件、阀门和配件等应具有在设置场所或防护对象环境条件下长期正常工作的性能，系统应具有阀门的启闭状态监控和防误动作保护装置，设置在具有散发粉尘、纤维场所内的气体灭火系统和细水雾灭火系统的喷头应采取防堵塞的保护措施。在相关灭火设施的设计、安装和维护过程中，应根据不同灭火设施的灭火介质、工作压力、管道、喷头和阀门等组件的设置环境条件（如温度、湿度、腐蚀性、洁净度等）、灭火介质储存压力及其储存环境条件（如温度、湿度或日晒等情况）、水源类型（如天然水源、消防水池、洁净水储瓶）等，分别确定合理的系统构成和启动方式，选用合适性能的管道和组件材料，采取相应的确保系统能够正常工作和发挥效能的技术保障与管理措施，如阀门的启闭位置锁定、手动启动后操作装置的防护、消防电源保证和配电线路保护等。例如，控制器件和电器元件的外壳防护等级、管道和管件的材质及其耐腐蚀性能或防腐蚀处理、管道的连接方式和防腐蚀处理、寒冷季节存在结冰场所的管道和消火栓系统防冻保护等均应满足系统正常工作和在火灾时正常启动与可靠运行的要求。

上述措施和要求在国家相关消防设施技术标准内均有比较详细的规定。例如，现行国家标准《消防给水及消火栓系统技术规范》GB 50974—2017 第 7.1.5 条规定，严寒、寒冷等冬季结冰地区城市隧道及其他构筑物的消火栓系统应采取防冻措施；第 8.2.13 条规定，埋地钢管和铸铁管应根据土壤和地下水腐蚀性等因素确定管外壁防腐措施，海边、空气潮湿等空气中含有腐蚀性介质的场所的架空管道外壁应采取相应的防腐措施；第 8.3.6 条规定，在寒冷、严寒地区，室外阀门井应采取防冻措施；第 11.0.9 条规定，设置在专用消防水泵控制室内的消防水泵控制柜的防护等级不应低于 IP30，设置在消防水泵房内的消防水泵控制柜的防护等级不应低于 IP55。《自动喷水灭火系统设计规范》GB 50084—2017 第 6.2.7 条规定，连接报警阀进出口的控制阀应采用信号阀，当不采用信号阀时，控制阀应设锁定阀位的锁具；第 10.1.3 条规定，位于严寒与寒冷地区的自动喷水灭火系统系统中遭受冰冻影响的部分应采取防冻措施。《固定消防炮灭火系统设计规范》GB 50338—2003 第 5.2.2 条规定，消防炮应满足相应使用环境和介质的防腐蚀要求。

（2）消防水源应根据水源的类型确定其设置的合理性，并使水源的容量满足消防用水要求，取水设施应能够保证消防车在灭火救援时可靠取水。水塔、消防水池、消防水箱应具有保证消防用水和消防用水量被有效利用的可靠措施。例如，消防水池应具有可以使储存水全部有效利用的措施；可能在寒冷季节发生冰冻的消防水池、水塔、水箱应具有相应的防冻措施；利用江河湖海等天然水体和井水的消防水源，应具有在任何季节都方便消防车可靠取水的措施和防杂质堵塞的措施，并应评估枯水季节的水量和水位是否满足灭火用水量和可靠取水的要求。

（3）二氧化碳、卤代烃、干粉和泡沫等灭火剂的储存方式及储存间的温湿度控制等应满足灭火剂长期保质、安全储存的要求，灭火剂的储存压力应符合系统正常释放灭火剂的工作要求，存在超压危险的设备应具有防止灭火剂储存装置或阀门超压的安全泄放装置。不同灭火剂的储存要求和储存装置的相关性能要求，在国家相应灭火剂产品及消防设施技术标准中有明确规定。例如，现行国家标准《二氧化碳灭火系统设计规范》GB 50193—93（2010 年版）第 5.1.1 条规定，高压二氧化碳灭火系统储存装置的环境温度应为 0℃ ~ 49℃，储存容器或容器阀上应设泄压装置，其泄压动作压力应为 19MPa ± 0.95MPa。《泡沫灭火系统技术标准》GB 50151—2021 第 3.2.7 条规定，泡沫液宜储存在干燥通风的房间或敞棚内，储存的环境温度应满足泡沫液使用温度的要求。

（4）需要与火灾自动报警系统联动的灭火设施、消防水泵以及需要电动或气动启动的装置，消防应急电源及其容量和供电时间、供配电线路及其防护、启动气源的容量和压力等均应满足系统稳定和可靠动作与持续运行的要求。不同灭火设施对电源或启动气源等的要求不同，应区别对待，并可以根据现行国家相关技术标准的要求确定。例如，现行国家标准《泡沫灭火系统技术标准》GB 50151—2021 第 7.1.3 条规定，固定式泡沫灭火系统动力源和泡沫消防水泵的设置：石油化工园区、大中型石化企业与煤化工企业、石油储备库，应采用一级供电负荷电机拖动的泡沫消防水泵作主用泵，采用柴油机拖动的泡沫消防水泵作备用泵；其他石化企业与煤化工企业、特级和一级石油库及油品站场，应采用电机拖动的泡沫消防水泵作主用泵，采用柴油机拖动的泡沫消防水泵作备用泵。《气体灭火系统设计规范》GB 50370—2005 第

5.0.8 条规定，气体灭火系统的电源应符合国家现行有关消防技术标准的规定；气动力源应保证系统操作和控制需要的压力和气量。

（5）对于设置在室外的灭火设施，如固定消防炮灭火系统，其固定支架等的耐腐蚀性能或防腐蚀处理、支撑与固定措施、支架的结构强度等均应满足系统正常可靠工作的要求。例如，现行国家标准《固定消防炮灭火系统设计规范》GB 50338—2003 第5.7.1 条规定，消防炮塔应具有良好的耐腐蚀性能，其结构强度应能同时承受使用场所最大风力和消防炮喷射反力，结构设计应能满足消防炮正常操作使用的要求。

（6）设置在室外较高位置的消防设施（如固定消防炮、高位水箱或水塔）需要采取必要的防雷措施。例如，现行国家标准《固定消防炮灭火系统设计规范》GB 50338—2003 第5.7.3 条规定，室外消防炮塔应设置避雷装置等防雷击设施。

2.0.4 消防给水与灭火设施中位于爆炸危险性环境的供水管道及其他灭火介质输送管道和组件，应采取静电防护措施。

【条文要点】

本条规定是预防设置在爆炸危险性环境内的消防给水与灭火设施因静电放电引发爆炸的安全性要求。

【实施要点】

（1）本条规定的爆炸危险性环境是指化学爆炸危险性环境，不包括热水锅炉内部蒸气因压力升高导致的爆炸等物理性爆炸。化学爆炸需要具备能够形成爆炸性气氛的条件（即场所内存在可燃性气体、蒸气或粉尘、纤维并且能与空气形成处于爆炸极限范围内的混合气体）和相应能量的点火源。爆炸危险性环境具备能够形成爆炸性气氛的条件，因此要尽量消除和控制可能的点火源。

通常，高压气体、水蒸气以及气流输送系统都能产生静电。在消防设施中输送高速流体、混合介质、干粉的管道系统上采取静电防护措施，是一种重要的安全技术措施。消防给水管道、灭火设施的灭火介质输送管道及相关连接件、管网中的阀门等组件，在输送水及其他介质时会因流速高而与管道壁发生摩擦等原因而产生静电，特别是非金属管道和输送气体和混合介质的管道。此外，当管道内的液体或气体与管道壁接触时，会在管道内部液体与管道壁的接触界面形成整体为电中性的偶电层，当管道内的流体开始运动时，该偶电层被分离，电中性层受到破坏而使管道出现带电现象。当管道上产生的静电不能通过导体或接地体导除时，将会在管道上局部积累而产生高压放电或静电感应现象，产生的火花可引发爆炸性气氛发生爆燃或轰燃，继而导致爆炸或火灾。《灭火剂》[①]文中指出：如果二氧化碳以很高的速度通过管道就会发生静电放电现象。可以确定，1kg 二氧化碳的电荷可达 $0.01\mu V \sim 30\mu V$，有引发着火甚至爆炸的危险。作为安全措施，建议把所有喷头的金属部件互相连接起来并接地，并注意连接处不能断开。

例如，现行国家标准《细水雾灭火系统技术规范》GB 50898—2013 第 3.3.13 条规定，设置在有爆炸危险环境中的细水雾灭火系统，其管网和组件应采取静电导除措施。《固定消防炮灭火系统设计规范》GB 50338—2003 第 6.1.2 条和《自动跟踪定位射流灭火系统技术标准》GB 51427—2021 第 4.7.10 条均规定，在爆炸危险性场所，电气设备和线路的选用、管道防静电措施应符合现行国家标准《爆炸危险环境电力装置设计规范》GB 50058 的有关规定。

（2）消防设施管道系统的静电防护措施，主要采用管道系统和管道连接处跨接等减小和消除静电荷的措施。接地是消除导体上静电的简单有效方法，但不能消除绝缘体上的静电。在原理上，即使 $1M\Omega$ 的接地电阻，静电仍容易很快泄漏；在实用上，接地导线和接地极的总电阻在 100Ω 以下即可，接地线必须连接

---

① 施莱别尔，鲍尔斯特.灭火剂［M］.洪福有，译.北京：群众出版社，1982.

可靠，并有足够的强度。因而，设置在有爆炸危险的可燃气体、蒸气或粉尘场所内的管道系统可以采取设置防静电接地装置导除管网中的静电。

例如，现行国家标准《二氧化碳灭火系统设计规范》GB 50193—93（2010 年版）第 7.0.4 条规定，设置在可燃气体、蒸气或有爆炸危险粉尘场所内的二氧化碳灭火系统管道应设置防静电接地。《气体灭火系统设计规范》GB 50370—2005 第 6.0.6 条规定，经过有爆炸危险和变电、配电场所的气体灭火剂输送管网以及布设在以上场所的金属箱体等应设置防静电接地。《泡沫灭火系统技术标准》GB 50151—2021 第 3.7.9 条规定，设置在防爆区内的地上或管沟敷设的干式管道应采取防静电接地措施，且法兰连接螺栓数量少于 5 个时应进行防静电跨接。钢制甲、乙、丙类液体储罐的防雷接地装置可兼作防静电接地装置。《干粉灭火系统设计规范》GB 50347—2004 第 7.0.7 条规定，设置在爆炸危险性场所的干粉灭火系统管道等金属件应设置防静电接地，防静电接地设计应符合国家现行有关标准规定。

2.0.5 消防设施的施工现场应满足施工的要求。消防设施的安装过程应进行质量控制，每道工序结束后应进行质量检查。隐蔽工程在隐蔽前应进行验收；其他工程在施工完成后，应对其安装质量、系统与设备的功能进行检查、测试。

【条文要点】

本条规定了消防设施安装的基本要求，以便正常施工和连续施工，保证施工质量达到预期效果。

【实施要点】

（1）消防设施的安装一般随建设工程的进度同步进行，部分分项或分部工程的施工需要在土建完成，与工程的内部装修阶段同步进行。施工现场涉及多个专业和工种的施工，并且不同地区、不同季节的条件和不同消防设施施工所需条件差异大。在消防设施安装过程中，应首先确定施工现场条件是否满足消防设施的安装要求，尤其是要确定其是否满足正常施工、安全施工和连续施工的要求，如材料、设备、器材到场管理及存放，施工和生活用水、用电、用气和住宿等人员生活条件的保障，施工现场进出管理等，均需统筹考虑，以保证消防设施的安装质量。

（2）不同消防设施的施工复杂程度和所需时间、条件不一样，进场时间也各异。有的需要与土建工程同步进行，有的可以在土建基本完成后进行，有的需要配合工程建设的各阶段进行。无论在哪个阶段安装设备和管道，均需要根据实际工程情况和建设工程的施工时序划分不同的分部和分项工程分阶段分工序实施。

在安装消防设施前，设计单位应向施工单位和施工人员等技术交底，施工单位应编制施工方案、制订施工质量管理体系、工程质量检验与检查规程和施工现场管理制度等。在完成每道工序后，进入下道工序前，施工单位要在监理人员的见证下及时检查该工序的安装质量，以确定各工序的安装是否符合设计要求和施工技术标准；在每道工序完成后，应经检查合格后方可进入下道工序。对于需要多个专业工种配合的消防设施施工，在完成本专业的工序或分项工程后，应在监理人员的见证下进行检验和交接。对于隐蔽工程，如埋设的管道和线缆、安装在竖井、封闭吊顶内的管道和线缆等，应在封闭前进行管道试压、线缆调试和工程质量验收，并在确定质量合格后方可封闭。

（3）在消防设施安装工程全部完成后，施工单位应进行设备功能和系统功能调试，工程质量自查自验。对于具有与火灾自动报警系统联动控制功能的消防设施，还应在专业调试的基础上与火灾自动报警系统进行系统联合调试，确保系统功能完整、符合设计要求。

不同消防设施的具体施工条件和施工技术要求，在现行国家标准《消防给水及消火栓系统技术规范》GB 50974—2014第12章

"施工"、《自动喷水灭火系统施工及验收规范》GB 50261—2017
第3章"基本规定"、《水喷雾灭火系统技术规范》GB 50219—2014
第8章"施工"、《细水雾灭火系统技术规范》GB 50898—2013
第4章"施工"、《泡沫灭火系统技术标准》GB 50151—2021
第9章"施工"、《建筑防烟排烟系统技术标准》GB 51251—2017
第6章"系统施工"和第7章"系统调试"以及《气体灭火系
统施工及验收规范》GB 50263—2007、《固定消防炮灭火系统施
工与验收规范》GB 50498—2009、《火灾自动报警系统施工及验
收标准》GB 50166—2019、《建筑灭火器配置验收及检查规范》
GB 50444—2008 等标准中均有详细的规定，实际消防设施安装、
调试和验收可以按照这些标准的要求进行。

2.0.6 消防给水与灭火设施中的供水管道及其他灭火剂输
送管道，在安装后应进行强度试验、严密性试验和冲洗。

【条文要点】

本条规定了消防设施中管道工程安装后的耐压试验和严密性
试验要求，以检验管道及其连接的耐压性能和严密性能，防止管
道泄露和被堵塞，确保管道系统的安装质量。

【实施要点】

（1）在安装后应进行强度试验、严密性试验和冲洗的管道，
包括室内和室外消火栓系统的给水管道，自动喷水灭火系统、水
喷雾和细水雾灭火系统、固定消防炮灭火系统和自动跟踪定位射
流灭火系统的给水和配水管道，高、中、低倍数泡沫灭火系统的
给水和泡沫混合液或泡沫输送管道，气体灭火系统的气体灭火剂
输送与分配管道及气动启动管道，干粉灭火系统的干粉灭火剂输
送与分配管道等灭火系统的灭火介质输送管道，防护冷却自动喷
水系统、防护冷却水幕系统和防火分隔水幕系统的给水管道。

（2）管道的强度试验是在系统的管网全部安装完毕后或需
要隐蔽的管道系统在隐蔽前，对系统的管网整体或局部进行加压
试验，以检验管网中的管道、管道的连接部位、管道的固定支吊

架等是否能够耐受试验压力而不出现破裂、晃动等现象。管道的强度试验，通常采用在管道内充满水后逐级增压的方式，也有采用在管道内充满惰性气体后逐级增压的方式。管道的严密性试验应在系统管网的强度试验后进行，主要检验管道及其连接是否严密，是否会在长时间压力流体的作用下出现渗漏等现象。

（3）对系统的管网进行冲洗，应在强度试验和严密性试验完成后进行，以压力水或压缩空气为介质将在安装和试验过程中可能产生的杂质等冲洗干净，防止在系统启动并输送灭火介质时发生堵塞，影响系统有效发挥作用，甚至引发伤害事故。

（4）不同类型灭火系统的设计工作压力不同，对灭火介质输送管道的工作压力等级要求也不一样，对管道的强度试验压力和严密性试验压力和程序及具体技术要求也各异，管道的冲洗要求也略有差异。有关管道的压力试验和严密性试验的压力及要求、管道冲洗的要求，在相应的消防设施施工技术标准中均有详细规定。例如，现行国家标准《消防给水及消火栓系统技术规范》GB 50974—2014 第 12.4 节"试压和冲洗"、《自动喷水灭火系统施工及验收规范》GB 50261—2017 第 6.2 节"水压试验"和第 6.3 节"气压试验"、《自动跟踪定位射流灭火系统技术标准》GB 51427—2021 第 5.4 节"试压和冲洗"和《固定消防炮灭火系统施工与验收规范》GB 50498—2009 第 6 章"系统试压和冲洗"均对系统管道的压力试验、严密性试验和冲洗有详细规定。另外，《气体灭火系统施工及验收规范》GB 50263—2007 第 5.5.4 条规定，灭火介质输送管道安装完毕后应进行强度试验和气压严密性试验并合格，试验方法应符合附录 E.1"管道强度试验和气密性试验方法"的规定；《泡沫灭火系统技术标准》GB 50151—2021 第 9.3.19 条规定，管道安装完毕应进行水压试验，管道试压合格后应用清水冲洗，冲洗合格后不得再进行影响管内清洁的其他施工，并规定了水压试验和冲洗方法及试验和冲洗过程中的检查方法与合格要求；《细水雾灭火系统技术规范》GB 50898—2013

第 4.3.8 条~第 4.3.10 条规定了系统管道的冲洗、水压试验和气体吹扫要求;《水喷雾灭火系统技术标准》GB 50219—2014 第 8.3.15 条、第 8.3.16 条规定,系统管道应在冲洗后进行水压试验,水压试验后应进行吹扫,并规定了相应的压力试验和冲洗的方法及要求、试验过程中的检查方法和合格要求等。

2.0.7 消防设施的安装工程应进行工程质量和消防设施功能验收,验收结果应有明确的合格与不合格的结论。

【条文要点】

本条的规定要求对消防设施的安装工程进行质量和功能验收,以保证消防设施在安装完工并经过施工单位对施工质量自查自验后,消防设施的施工质量和功能符合设计要求和施工技术标准。

【实施要点】

(1)消防设施的安装工程质量验收和安装后的消防设施的功能验收,是在消防设施安装工程竣工后由建设单位、工程建设消防主管部门、消防救援机构、建设工程质量监督管理部门、工程监理单位、施工单位和设计单位等单位的人员参加的竣工验收。在建设单位提出工程竣工验收申请前,施工单位应完成了消防设施工程质量和消防设施功能的自查和自验,且自验收合格,现场各项条件符合工程竣工验收要求。

(2)消防设施的安装工程质量验收和消防设施的功能验收,应按照相应的建设工程和消防设施工程质量验收技术标准进行,验收后应按照相应的合格评定标准评定,并给出明确的合格或不合格的验收结论。验收不合格的消防设施安装工程应整改,并在整改后重新验收,验收不合格的消防设施不得投入使用。

(3)不同种类消防设施的安装工程质量和消防设施的功能验收的项目和技术要求不同,相关要求在有关消防设施施工及验收技术标准中有较详细的规定,在实际工程竣工验收时,可以按照相关技术标准的规定进行。例如,现行国家标准《消防给水及消火栓系统技术规范》GB 50974—2014 第 13.2 节"系统验收"、《自动喷水灭火系统施工及验收规范》GB 50261—2017 第 8 章"系统验收"、《固定消防炮灭火系统施工与验收规范》GB 50498—2009 第 8.2 节"系统验收"、《气体灭火系统施工及验收规范》GB 50263—2007 第 3.0.5 条、第 3.0.6 条和第 7 章"系统验收"、《建筑防烟排烟系统技术标准》GB 51251—2017 第 8 章"系统验收"、《泡沫灭火系统技术标准》GB 50151—2021 第 10 章"验收"、《水喷雾灭火系统技术规范》GB 50219—2014 第 9 章"验收"、《细水雾灭火系统技术规范》GB 50898—2013 第 5 章"验收"、《自动跟踪定位射流灭火系统技术标准》GB 51427—2021 第 6 章"验收"、《建筑灭火器配置验收及检查规范》GB 50444—2008 第 4.2 节"配置验收"和《火灾自动报警系统施工及验收标准》GB 50166—2019 第 5 章"系统检测与验收",均规定了相应消防设施的工程质量和功能验收要求。

2.0.8 消防设施施工、验收过程应有相应的记录,并应存档。

【条文要点】

本条规定了消防设施的施工、验收过程应有档案记录的要求,以方便投入使用后的维护保养,保证消防设施能在投入使用后始终处于正常运行和工作状态,也可以为未来建筑的更新改造和相关火灾事故、工程质量问题等的责任追究提供条件和相关依据。

【实施要点】

(1)消防设施施工过程中的每道工序均应有详细的施工记录,包括施工材料、设备、部件或组件(如灭火介质储存装置、启动装置、喷头、阀门、火灾探测器、报警按钮、模块、声光报警器、火灾报警控制器、联动控制器、排烟口、送风口、排烟风机、送风风机、风管、消防水泵、室内消火栓、室外消火栓、消防炮、供配电线缆、控制线缆、灭火器、线缆槽盒、固定支吊架等)的型号、规格、数量,管道制作、管道和线缆的连接、敷设和固定方式、位置等,施工方法、误差控制等,安装人员、监理人员、施工负责人和施工记录人等。

（2）消防设施施工中的隐蔽工程完成施工后，应在隐蔽前完成相应的调试或试压试验等工作，并进行施工质量和必需的功能验收。隐蔽工程除应有详细的安装记录外，还应有封闭前的性能、功能自查自验测试记录和在监理人员见证下的隐蔽工程功能调试、工程质量验收记录。

（3）消防设施施工完成后，施工单位应填写相应的自查自验和设备、系统功能调试记录，提供相应的施工记录。消防设施安装工程竣工后，建设单位应填写相应的工程竣工验收记录，记录验收数量、验收检查方法和合格要求，明确工程竣工验收合格与否，记录需要整改的内容及其整改情况等。

（4）消防设施施工、验收过程的记录应有书面和电子文件以及必要的视频或图像记录。每项记录均应有相应记录人和责任人的签名及记录日期。施工、验收过程的所有记录均应在消防设施投入使用前纳入档案管理。不同种类消防设施的施工、调试和验收记录的项目和要求不同，各类消防设施的相应国家标准均有详细规定，在实际工程中可以参考选用。例如，现行国家标准《消防给水及消火栓系统技术规范》GB 50974—2014 第12.1.3 条规定，系统施工应按要求填写有关记录，第12.4.1 条规定，系统试压完成后应按规定填写记录，第13.1.11 条规定，系统联锁试验应按要求进行记录；《自动喷水灭火系统施工及验收规范》GB 50261—2017 第3.1.2 条规定，系统施工应按要求填写有关记录；《水喷雾灭火系统技术规范》GB 50219—2014、《细水雾灭火系统技术规范》GB 50898—2013、《泡沫灭火系统技术标准》GB 50151—2021、《固定消防炮灭火系统施工与验收规范》GB 50498—2009、《气体灭火系统施工及验收规范》GB 50263—2007、《建筑防烟排烟系统技术标准》GB 51251—2017、《火灾自动报警系统施工及验收标准》GB 50166—2019 等标准均有类似要求并均附有相应的记录表格式样。

2.0.9 消防设施投入使用后，应定期进行巡查、检查和维护，并应保证其处于正常运行或工作状态，不应擅自关停、拆改或移动。超过有效期的灭火介质、消防设施或经检验不符合继续使用要求的管道、组件和压力容器不应使用。

【条文要点】

本条规定了各类消防设施在正常使用后的维护管理要求，确保消防设施能始终处于正常工作状态，在火灾时可以按照设计要求发挥效用。

【实施要点】

（1）建设工程中的消防设施经过竣工验收并在投入使用后，需要定期进行巡查、检查和维护，良好的维护管理是各类消防设施能够正常发挥作用的保证。不同种类消防设施的巡查、检查周期以及维护保养要求不同，需要根据各类消防设施设置场所或位置的具体环境条件、消防设施的类型和所用材料等，按照有关产品制造商和消防设施的维护管理标准及要求制订有针对性的维护管理制度和操作规程，开展相应的运行维护管理工作。

巡查是日常的巡视和查看，是一种主要通过目视观察消防设施中的设备、器件或组件、管道、阀门、固定支吊架等的外观，有时会借助简易的器材查看，从而确定消防设施的运行或工作状态是否正常的活动。巡查一般由具有消防设施维护保养资格的人员承担。

检查是在巡查基础上的重点查看，不仅要对巡查情况进行监督抽查，而且要对消防设施中的重点设备和装置、阀门、组件等的外观和性能、功能进行查看和抽查试验，是一种需要利用相应检查工具和设备对消防设施中部分设备、装置、部件等的性能和功能进行抽查的活动。检查一般需要专业的消防工程师承担。

检验是一种按照国家相关标准要求，对消防设施中的灭火介质的性能、灭火介质的储存容器和输送管道的耐压性能和腐蚀性状况、火灾探测器的性能等进行测试并需要判定合格与否的活动。检验需要由专业机构的专业技术人员承担，并利用专门的设备、工具和仪器等按照规定的标准方法来完成。

例如，现行国家标准《水喷雾灭火系统技术规范》GB 50219—2014 第 10.0.3 条规定，水喷雾灭火系统应按要求进行日检、周检、月检、季检和年检，检查中发现的问题应及时按规定要求处理；《细水雾灭火系统技术规范》GB 50898—2013 第 6.0.6 条规定，细水雾灭火系统应按要求进行日检、月检、季检和年检，检查中发现的问题应及时按规定要求处理；《消防给水及消火栓系统技术规范》GB 50974—2014 第 14.0.1 条规定，消防给水及消火栓系统应有管理、检查检测、维护保养的操作规程；《泡沫灭火系统技术规范》GB 50151—2021 第 11.0.1 条规定，泡沫灭火系统投入使用后应建立管理、检测、操作与维护规程；《火灾自动报警系统施工及验收标准》GB 50166—2019 第 6.0.4 条规定，火灾自动报警系统应按本规定的巡查项目和内容进行日常巡查，巡查的部位、频次应符合现行国家标准《建筑消防设施的维护管理》GB 25201 的规定；《消防应急照明和疏散指示系统技术标准》GB 51309—2018 第 7.0.4 条规定，消防应急照明和疏散指示系统应按规定的巡查项目和内容进行日常巡查；巡查的部位、频次应符合现行国家标准《建筑消防设施的维护管理》GB 25201 的规定；《自动跟踪定位射流灭火系统技术标准》GB 51427—2021 第 7.0.5 条规定系统应按本标准的要求进行日检、月检、季检和年检，检查中发现的问题应及时按规定要求处理。

这些标准均分别详细规定了日检、月检、季检和年检的频次和内容及相关要求。此外，《建筑消防设施的维护管理》GB 25201—2010 对消防设施的巡查、检查、检测等维护管理做了更详细的规定。有关消防设施的周检、月检、季检、半年检和年检等维护管理工作，均可按照这些国家标准的规定进行。

（2）各类消防设施（包括灭火器材）应通过日常的检查、巡查和维护保养，使其始终处于正常运行状态或正常工作状态。例如，灭火介质的储存重量或储存压力应符合设计要求，灭火器的压力应处于正常工作压力范围（一般为绿区），各类阀门的位置应处于正常的开启或关闭状态、锁定位置正确、锁定装置或铅封完好，手动启动按钮的防护罩等防护措施完好，各类标志应清楚、文字清晰、正确，设备、喷头和管道等的外观正常、无变形、锈蚀、起皮等现象，管道连接处无泄漏，管道和设备的固定支吊架牢固、无松动、脱离等现象。对于寒冷地区，在霜冻季节应检查室内外可能被冰冻的设备、组件和管道，以保证这些设备、组件和管道不会因冰冻导致系统无法正常动作和运行，或发生管道冻裂等问题（如自然排烟窗的开启装置及排烟窗、湿式消防给水管道及其阀门等）。

（3）各类消防设施在投入使用后，不应被人随意或擅自关停，防止关断正常情况下应保持常开的阀门、关闭消防设施的电源、拆除供水设备或灭火介质储存装置与管道的连接、将火灾探测器或喷头用罩盖住等；需要关停管网、灭火介质储存装置或火灾报警系统等进行检修、更换设备或装置、重装灭火介质或补压时，应按照相关制度采取相应的防护措施和消防应急措施，并在检修等维修工作后及时将消防设施恢复至正常运行或工作状态。

（4）对于干粉、泡沫、气体灭火剂等有储存有效期限的灭火介质和有使用、检验期限的容器（特别是压力容器，如气体灭火系统的灭火介质储存容器、气体灭火系统和干粉灭火系统的启动气体存储容器、灭火器瓶体等）、火灾探测器、灭火器等消防设施中的消防产品，其检查和检验周期、更换周期必须符合相应产品或设备组件的使用要求和国家相关标准的规定。经检验不符合继续使用的产品，应及时更换，不得超过规定使用期限继续使用。建筑中经常不用或不流动的消防用水（如消防水池和消防水箱中的消防用水），应定期检查其水质并置换。

2.0.10 消防设施上或附近应设置区别于环境的明显标识，说明文字应准确、清楚且易于识别，颜色、符号或标志应规范。手动操作按钮等装置处应采取防止误操作或被损坏的防护措施。

【条文要点】

本条规定了在各类消防设施本体或其附近要具有明显的标识，以方便日常维护检查和发生火灾时能够快速识别，实施应急操作。

【实施要点】

（1）在室内设置的各类消防设备的本体上，应设置描述如何检修、操作的标识。例如，具有手动功能的阀门、火灾自动报警系统中的手动按钮、消火栓箱内的手动启泵按钮、排烟系统中的排烟口手动操作装置、固定消防炮的手动操作装置及其他设备的手动操作装置或阀门、消防电源的配电箱或配电设备上，均应有颜色明显、文字清晰、文字描述准确、操作指示正确的标识。

例如，现行国家标准《消防给水及消火栓系统技术规范》GB 50974—2014 第 5.4.9 条规定，水泵接合器处应设置永久性标志铭牌，并应标明供水系统、供水范围和公称压力。《建筑防烟排烟系统技术标准》GB 51251—2017 第 6.1.5 条规定，防烟、排烟系统中的送风口、排风口、排烟防火阀、送风风机、排烟风机、固定窗等应设置明显永久标识。《泡沫灭火系统技术标准》GB 50151—2021 第 3.7.1 条规定，泡沫灭火系统中所用的控制阀门应有明显的启闭标志。《火灾自动报警系统设计规范》GB 50116—2013 第 6.3.2 条规定，手动火灾报警按钮应设置在明显和便于操作的部位。当采用壁挂方式安装时，应有明显的标志；第 10.1.6 条规定，消防用电设备的配电设备应设置明显标志。《气体灭火系统设计规范》GB 50370—2005 第 4.1.7 条规定，喷头应有型号、规格的永久性标识。

（2）除在消防设备的本体上设置标识外，在一些消防设备的附近还应设置便于识别的标志。例如，设置室外消火栓、市政消火栓、消防水泵接合器的位置，消防水泵房和消防控制室的入口处，设置固定消防炮的位置，设置中、高倍数泡沫灭火系统、全淹没气体灭火系统和干粉灭火系统的房间入口处等位置附近，灭火器设置点的墙体、柱面或灭火器放置箱体或其旁边。

例如，现行国家标准《消防给水及消火栓系统技术规范》GB 50974—2014 第 7.2.11 条规定，地下式市政消火栓应有明显的永久性标志；第 8.3.7 条规定，消防给水系统的室内外消火栓、阀门等设置位置应设置永久性固定标识。《气体灭火系统设计规范》GB 50370—2005 第 6.0.2 条规定，防护区的入口处应设置采用的相应气体灭火系统的永久性标志牌。

（3）消防设备或器材的外观颜色应与环境或内部装修饰面材料的颜色有明显区别，并且一目了然，要尽量采用通用的红色涂装。例如，室内和室外消火栓、市政消火栓、消火栓箱、消防水泵接合器、消防给水管道、灭火介质输送管道、各类消防设施上的控制阀门和就地手动操作装置、手动启动按钮、声光警报器、消防广播喇叭、消防配电箱（柜）、灭火器等的外饰面多采用红色。

例如，现行国家标准《建筑设计防火规范》GB 50016—2014（2018 年版）第 8.1.12 条规定，设置在建筑室内外供人员操作或使用的消防设施均应设置区别于环境的明显标志。《建筑内部装修设计防火规范》GB 50222—2017 第 4.0.2 条规定，建筑内部消火栓箱门不应被装饰物遮掩，消火栓箱门四周的装修材料颜色应与消火栓箱门的颜色有明显区别或在消火栓箱门表面设置发光标志。

（4）各类标识的文字应简单明了，描述清楚、准确，不应模棱两可；指示应正确，文字大小应便于识别，并与环境条件或空间大小相适应（尤其是高大空间的疏散指示标志）；图形应符合规范，符合国际通用表达方式；文字、符号应清晰，设置方位应便于阅读或识别。有关消防安全标志的制作和设置要求，《消防安全标志通用技术条件》GA 480.1～6—2004和国家标准《消防安全标志设置要求》GB 15630—1995等标准均有详细规定，在工程中可以参照实施。

（5）在各类手动操作按钮、阀门上除应设置清楚、清晰的位置指示标志或操作说明外，还应采取防止误操作或意外碰撞引起的误动作的防护措施。例如，在手动报警按钮上设置方便破碎或打开的防护外罩，在手动启动按钮或操作手柄上设置易于打开的铅封，在阀门的正常启闭状态位置上设置锁定阀位的锁具等。例如，现行国家标准《自动喷水灭火系统设计规范》GB 50084—2017第6.2.7条规定，连接报警阀进出口的控制阀应采用信号阀；当不采用信号阀时，控制阀应设锁定阀位的锁具。《消防给水及消火栓技术规范》GB 50974—2017第5.1.12条规定，消防水泵的吸水管上应设置明杆闸阀或带自锁装置的蝶阀，当设置暗杆阀门时应设有开启刻度和标志。《细水雾灭火系统技术规范》GB 50898—2013第3.6.4条规定，手动启动装置和机械应急操作装置应采取防止误操作的措施，手动启动装置和机械应急操作装置上应设置与所保护场所对应的明确标识。《水喷雾灭火系统技术规范》GB 50219—2014第8.3.7条规定，水喷雾灭火系统的消防水泵接合器应设置与其他消防系统的消防水泵接合器区别的永久性固定标志，并有分区标志；第8.3.8条规定，雨淋报警阀组的水源控制阀应有明显开闭标志和可靠的锁定设施。

3　消防给水与消火栓系统

3.0.1　消防给水系统应满足水消防系统在设计持续供水时间内所需水量、流量和水压的要求。

【条文要点】

本条规定了消防给水系统的功能和应保证的关键性能参数。

【实施要点】

（1）消防给水系统由消防水源、供水设施、消防供水管道、控制阀门等组成。消防给水系统的功能是向室内外的水基灭火系统、防护冷却或防火分隔系统及消防车供水。要确保这些系统能有效发挥作用，其关键的参数包括设计持续供水时间（对于室内和室外消火栓系统、防护冷却系统，为火灾延续时间；对于防火分隔系统，为与防火分隔部位耐火时间要求相同的持续供水时间；对于自动喷水灭火系统，为设计的系统持续喷水时间；对于泡沫灭火系统，为设计的泡沫混合液连续供给时间等）内的消防用水量、消防给水系统的设计流量、系统水力最不利处灭火设施灭火所需水压。

水基消防系统的功能是灭火、控火、防火分隔和防护冷却，其性能参数主要包括同一时间的火灾次数、设计持续供水时间、设计流量等。自动喷水、水喷雾、泡沫、细水雾、自动跟踪定位射流等自动灭火系统的设计流量取决于设计喷水强度和作用面积，消火栓系统和消防水炮灭火系统的设计流量是根据设置场所的火灾特性和危险性等因素直接给定。消防给水系统的消防用水量应根据设计持续供水时间、水基消防系统的设计流量确定。水基消防系统的设计流量需要综合考虑建（构）筑物的用途、规模（建筑的体积或高度）、耐火等级、火灾危险性、重要性等因素后确定，系统水压需要根据水消防系统的作用半径、所在建（构）筑物的高度、水基消防系统最不利点所需压力、消防给水管道系统的水头损失等确定。

（2）消防给水系统是保障水基消防系统用水的系统，其供水能力应根据不同类型水基消防系统的设计持续供水时间以及在该时间内所需供水流量和水压确定。

1）工厂、仓库、堆场、储罐区或民用建筑的室外消防用水量，应按同一时间内的火灾起数和1起火灾灭火所需室外消防用水量确定。除有关工程建设消防技术标准或建设、设计和相关行政监督管理部门约定需要按照同一时间发生2起或多起火灾考虑外，一般可以按照同一时间发生1起火灾考虑。在确定建筑的消防用水量时，有关同一时间内的火灾起数的要求，现行国家标准《消防给水及消火栓系统技术规范》GB 50974—2014第3.1.1条规定，占地面积小于或等于100hm^{2}且附有居住区人数小于或等于1.5万人的工厂、堆场和储罐区等，应按1起确定；占地面积小于或等于100hm^{2}且附有居住区人数大于1.5万人的工厂、堆场和储罐区等，应按2起确定，其中，居住区应计1起，工厂、堆场或储罐区应计1起；占地面积大于100hm^{2}的工厂、堆场和储罐区等，应按2起确定，其中，工厂、堆场和储罐区应按需水量最大的两座建筑（或堆场、储罐）各计1起；仓库和民用建筑同一时间内的火灾起数应按1起确定。《地铁设计防火标准》GB 51298—2018第1.0.3条规定，一条地铁线路、一座地铁换乘车站及其相邻区间的防火设计可按同一时间发生1起火灾考虑。

消防给水系统的流量应是1起火灾灭火、冷却和防火分隔所需消防用水的流量，并应由建筑的室外消火栓系统、室内消火栓系统、自动喷水灭火系统、泡沫灭火系统、水喷雾灭火系统、固定消防炮灭火系统、固定冷却水系统、自动跟踪定位射流灭火系统等系统中需要同时作用的各种水基消防系统的流量组成。不同类型水基消防系统的设计流量要求，可见现行国家相关技术标准的规定，如国家标准《消防给水及消火栓系统技术规范》GB 50974—2014第3.1.2条的规定。

2）消防给水系统的给水压力应满足所服务各类水基消防系统水力最不利点处的压力要求。不同类型水基消防系统最不利点处的工作压力要求不同，需要根据系统的具体设置目标确定。有关水基消防系统最不利点处的工作压力要求，现行国家标准《消防给水及消火栓系统技术规范》GB 50974—2014 和《自动喷水灭火系统设计规范》GB 50084—2017 等标准均有规定，可以根据这些技术标准的规定确定。

3）室内和室外消火栓系统、各类水基自动灭火系统的火灾延续时间或设计持续供水时间，现行国家标准《消防给水及消火栓系统技术规范》GB 50974—2014 和《自动喷水灭火系统设计规范》GB 50084—2017 等标准均有规定，在应用中可以按照这些标准的要求确定。不同建筑消火栓系统及固定冷却系统的火灾延续时间见表3-1。

表3-1 不同建筑消火栓系统及固定冷却系统的火灾延续时间

建筑类型			场所与火灾危险性类别	火灾延续时间 / h	系统类型
建筑物	工业建筑	仓库	甲、乙、丙类仓库	3.0	消火栓系统
			丁、戊类仓库	2.0	
		厂房	甲、乙、丙类厂房	3.0	
			丁、戊类厂房	2.0	
	民用建筑	公共建筑	高层建筑中的商业楼、展览楼、综合楼，建筑高度大于50m的财贸金融楼、图书馆、书库、重要的档案楼、科研楼和高级宾馆等	3.0	
			其他公共建筑	2.0	
		住宅	—		

续表 3-1

建筑类型		场所与火灾危险性类别	火灾延续时间/h	系统类型
建筑物	人防工程	建筑面积小于3 000m²	1.0	消火栓系统
		建筑面积大于或等于3 000m²	2.0	
	地铁车站	—		
构筑物	煤、天然气、石油及其产品的工艺装置	—	3.0	消火栓系统和防护冷却系统
	甲、乙、丙类可燃液体储罐	直径大于20m的固定顶罐和直径大于20m且浮盘用易熔材料制作的内浮顶罐	6.0	
		其他类型的地上储罐	4.0	
		覆土储罐		
	液化烃储罐、沸点低于45℃甲类液体、液氨储罐		6.0	
	空分站,可燃液体、液化烃的火车和汽车装卸栈台		3.0	
	变电站	—	2.0	
	装卸油品码头	甲、乙类油品的一级码头	6.0	消火栓系统
		甲、乙类油品的二、三级码头	4.0	
		丙类油品码头		
		海港油品码头	6.0	
		河港油品码头	4.0	
		码头装卸区	2.0	
	装卸液化石油气船码头	—	6.0	

续表 3-1

建筑类型		场所与火灾危险性类别	火灾延续时间 / h	系统类型
构筑物	液化石油气加气站	地上储气罐加气站	3.0	消火栓系统
		埋地储气罐加气站	1.0	
		加油和液化石油气加合建站		
	易燃、可燃材料露天、半露天堆场，可燃气体罐区	粮食土圆囤、席穴囤	6.0	
		棉、麻、毛、化纤百货		
		稻草、麦秸、芦苇等		
		木材等		
		露天或半露天堆放煤和焦炭	3.0	
		可燃气体储罐		

【示例 3-1】

某工厂有 4 个防火设计对象，分别是办公研发楼、丙类立体仓库、工艺装置、储罐区，占地面积小于 100hm²，同一时间按 1 起火灾计算，每个设计对象的设计流量和压力见表 3-2。系统设计流量为 250L/s，扬程为 1.0MPa，消防水池蓄水量为 2 700m³。

消防水泵的选择按照《消防给水及消火栓系统技术规范》GB 50974—2014 第 5.1.6 条和第 5.1.16 条规定的五点法要求选择水泵，对于大于设计扬程的储罐区的设计流量和压力应对消防水泵的流量压力进行一轮五点法核对。五点法的第一点是设计流量和设计扬程，第二点是零流量时的扬程，第三点是 1.5 倍设计流量时的扬程，第四点是小流量过热和曲线无拐点，第五点是电机功率满足流量扬程曲线任何一点运行的要求，轴功率有最大拐点的要求。同时要校核 4 个防火设计对象都满足五点法的技术要求。消防水泵房到各个建筑和工艺装置有一定距离，消防给水的压力损失为 0.30MPa，加上水灭火系统的压力为 1.30MPa。

表3-2 某工厂防火设计对象的设计流量和压力

序号	防火设计对象	室外消火栓		室内消火栓/工艺储罐冷却(自动)系统		自动灭火系统		火灾延续时间/h	总用水量/m³	系统设计流量/(L/s)	备注
		流量/(L/s)	扬程/MPa	流量/(L/s)	灭火系统的设计压力/MPa	流量/(L/s)	扬程/MPa				
1	办公研发楼	40	0.15	20	0.80	30	0.85	2.0/2.0/1.0	540	90	—
2	立体仓库	45	0.15	15	0.65	120	0.90	3.0/3.0/1.5	1 296	180	—
3	工艺装置	流量250L/s，扬程1.0MPa						3.0	2 700	250	GB 50160—2008（2018年版）
4	储罐区	15	0.70	85	1.1	40	0.65	6.0/6.0/1.0	2 304	140	—

消防水泵选择4个工况点都应满足五点法的要求。一般应按设计流量最大工况时的扬程选择水泵，同时校核该泵能否满足在其他流量设计工况下的扬程要求。如果都满足要求，说明该泵符合要求，见图3-1。

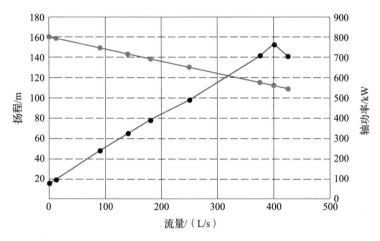

图3-1 消防水泵流量扬程曲线图

3.0.2 低压消防给水系统的系统工作压力应大于或等于0.60MPa。高压和临时高压消防给水系统的系统工作压力应符合下列规定：

1 对于采用高位消防水池、水塔供水的高压消防给水系统，应为高位消防水池、水塔的最大静压；

2 对于采用市政给水管网直接供水的高压消防给水系统，应根据市政给水管网的工作压力确定；

3 对于采用高位消防水箱稳压的临时高压消防给水系统，应为消防水泵零流量时的压力与消防水泵吸水口的最大静压之和；

4 对于采用稳压泵稳压的临时高压消防给水系统，应为消防水泵零流量时的水压与消防水泵吸水口的最大静压之和、稳压泵在维持消防给水系统压力时的压力两者的较大值。

【条文要点】

消防给水系统的系统工作压力是消防给水系统管道设计的基本性能参数，该参数决定了管道、管道附件和阀门的压力等级，也是消防给水系统的安全性参数。本条规定了不同压力制消防给水系统的压力确定方法。

【实施要点】

（1）消防给水系统根据管网内平时的工作压力高低和灭火时是否需要加压分为低压、高压和临时高压消防给水系统。低压消防给水系统是能满足消防车或移动消防泵等取水所需压力和流量的供水系统。高压消防给水系统是能始终保持满足水基消防设施所需工作压力和流量，火灾时无需消防水泵加压的供水系统。临时高压消防给水系统是平时不能满足水基消防设施所需工作压力和流量，火灾时需启动消防水泵满足所需压力和流量的供水系统。

（2）消防给水系统的系统工作压力是确定所用设备、器材、管材、阀门和配件等系统组件的产品工作压力等级、选择管材和设计管道的重要参数，需要准确确定，以预防系统在正常使用和消防救援时因压力超过系统组件和管道的工程压力而出现渗漏或损坏，确保消防供水的可靠性。

（3）对于低压消防给水系统，在消防救援用水时需要利用消防车或其他移动式消防水泵向室外、室内消火栓系统或水基消防系统的供水管网加压出水灭火或冷却防护对象。低压消防给水系统一般采用生产、生活和消防用水合用给水系统，阀门的最低压力等级是 0.60MPa 或 1.0MPa，而普通管道的压力等级通常是 1.2MPa。本条规定低压给水系统的系统工作压力不应低于 0.60MPa，对于工作压力高于 0.60MPa 的给水系统，应相应提高所选用管道、阀门和管道附件等的公称压力。

对于高压和临时高压消防给水系统，系统工作压力就是平时管道内的最大静压。采用高位消防水池、稳压泵等不同方式维持管网内压力的高压和临时高压消防给水系统，系统工作压力应根据本条规定计算确定。

【示例 3-2】

在本指南【示例 3-1】中，若设计扬程为 1.3MPa，采用临时高压消防给水系统供水，消防水泵零流量时的扬程为 1.60MPa。根据本规范第 3.0.13 条的规定，稳压泵的设计扬程为 1.70MPa。考虑到稳压泵的停泵压力与启泵压力差为 0.07MPa，稳压泵的设计扬程为中点，则系统稳压的最高点压力为 1.735MPa。因此，该临时高压消防给水系统的系统工作压力为 1.735MPa。

【示例 3-3】

在本指南【示例 3-1】中，若设计扬程为 1.3MPa，采用高压消防给水系统供水，高压水池的最高水位与系统最低点的高差为 1.50MPa，则系统工作压力为 1.50MPa。

3.0.3 设置市政消火栓的市政给水管网，平时运行工作压力应大于或等于 0.14MPa，应保证市政消火栓用于消防救援时的出水流量大于或等于 15L/s，供水压力（从地面算起）大于或等于 0.10MPa。

【条文要点】

本条规定了为市政消火栓供水的市政给水管网平时应具备的最低工作压力及消防救援取水时应具备的最小出水流量和最低出水压力。

【实施要点】

市政消火栓为直接与市政给水管网连接的城市基础公共消防设施，由市政给水管网保障供水，主要用于消防救援时保障消防车取水。市政给水管网内的正常运行压力就是市政消火栓处的压力，在市政消火栓用于灭火等消防救援行动时，会导致短时用水量增大，管网水头损失也会增加。因此，应确保市政给水管网内平时的运行压力不低于消防车取水所需压力与管网及消火栓处的水头损失之和，以保证消防救援时管网内的有效水压满足消防车取水的要求。管网内平时的最低运行压力应保持 0.14MPa，该压力值也是现行国家标准《城镇供水厂运行、维护及安全技术规程》CJJ 58—2009 对自来水公司的基本要求。市政消火栓的出水流量应满足至少 2 支口径 19mm 的水枪扑救火灾所需流量，且不应小于 15L/s（每支水枪的平均出水量按照 7.5L/s 考虑）；市政消火栓处的出水压力应从地面算起，且不应低于 0.10MPa。该压力可以直接采用设置在市政消火栓出水口处的压力监测装置观察。市政消火栓系统构成示意参见图 3-2。

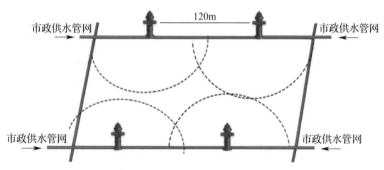

图 3-2　市政消火栓系统构成示意图

【示例 3-4】

某一居住人口为 50 万人的城市，根据《消防给水及消火栓系统技术规范》GB 50974—2014 第 3.2.2 条的规定，市政消防给水设计流量同一时间按 1 起火灾考虑为 90L/s；设计按同一时间发生 3 起火灾，每起火灾的消防设计流量仍为 90L/s。根据《室外给水设计标准》GB 50013—2018 第 7.1.3 条和《消防给水及消火栓系统技术规范》GB 50974—2014 第 8.1.1 条的规定，城镇供水的事故水量应为设计水量的 70%，在满足当地生产、生活等用水设计流量 70% 的情况下，还应能满足该城市同一时间 3 起火灾且每起火灾的消防用水流量为90L/s，则每起起火区域的市政给水管网的供水压力不应低于0.10MPa。

3.0.4 室外消火栓系统应符合下列规定：

1 室外消火栓的设置间距、室外消火栓与建（构）筑物外墙、外边缘和道路路沿的距离，应满足消防车在消防救援时安全、方便取水和供水的要求；

2 当室外消火栓系统的室外消防给水引入管设置倒流防止器时，应在该倒流防止器前增设1个室外消火栓；

3 室外消火栓的流量应满足相应建（构）筑物在火灾延续时间内灭火、控火、冷却和防火分隔的要求；

4 当室外消火栓直接用于灭火且室外消防给水设计流量大于30L/s时，应采用高压或临时高压消防给水系统。

【条文要点】

本条规定了室外消火栓的功能和基本设置要求。低压室外消防给水系统的功能是向消防车供水，当室外消火栓直接用于灭火（包括防护冷却和防火隔离，如储罐的防护冷却、室外不同可燃材料堆场或堆垛之间的防火隔离）时，需采用临时高压或高压消防给水系统满足灭火的要求。

【实施要点】

（1）室外消火栓主要用于消防救援时向消防车供水。对于可燃材料堆场、可燃液体或可燃气体的储罐或储罐区以及城镇中建筑耐火等级较低的房屋之间，还可以直接用于扑救火灾、冷却储罐和防火隔离。

室外消火栓的布置应满足方便消防车安全取水的要求。这主要体现在室外消火栓与建筑物外墙的水平距离应能避免火灾时上部坠落物体对救援人员及消防车辆和供水水带的损伤，与储罐和可燃材料堆场的水平距离应能防止强辐射热对救援人员和消防车的热损伤，与道路路缘的水平距离应方便消防车靠近取水。室外消火栓的布置原则：

1）室外消火栓的保护半径不应大于 150m；

2）室外消火栓的间距不应大于 120m；

3）距离道路路缘不应大于 2m，距离建筑物外墙不应小于 5m；

4）与储罐罐壁或可燃物堆场的堆垛外边缘的水平距离，应根据储罐的大小和储存物品特性、防火堤或围堰的设置情况、堆场内可燃物的燃烧特性和堆垛高度等确定；

5）室外消火栓应在建（构）筑物周围均匀布置。

室外消火栓的详细布置要求，参见现行国家标准《消防给水及消火栓系统技术规范》GB 50974—2014 第 7.2 节和第 7.3 节的规定。室外消火栓系统构成示意参见图 3-3。

（2）在室外消火栓系统的室外消防给水引入管上设置倒流防止器，可以保证管道内的水流只能单向流动，防止管道内的水回流导致管网内的水被污染，是一种预防性卫生安全措施。倒流防止器主要分低阻力倒流防止器和减压型倒流防止器两类，低阻力倒流防止器的水头损失小于 3m，减压型倒流防止器的水头损失小于 7m。因此，倒流防止器是一个减压装置，当超额用水时，给水管道的水流流速激增，室外消防给水管网内的压力会因倒流防止器在流速过大时的局部水头损失增加而降低，不能满足室外消火栓设计流量的要求。在倒流防止器前增设一个室外消火栓是一种补偿性措施，以便倒流防止器顺水流方向后面的室外消火栓不能满足供水要求时，还可利用该消火栓应急供水。

（3）室外消火栓的流量应满足灭火、控火、防护冷却和防火分隔的功能要求，是确定室外消防用水量的主要参数，应依据建筑的用途、规模、耐火等级、火灾危险性等因素综合分析确定。各类建筑室外消火栓的设计流量要求，参见现行国家标准《消防给水及消火栓系统技术规范》GB 50974—2014 第 3.3 节～第 3.5 节的规定。建筑物室外消火栓设计流量要求见表 3-3。

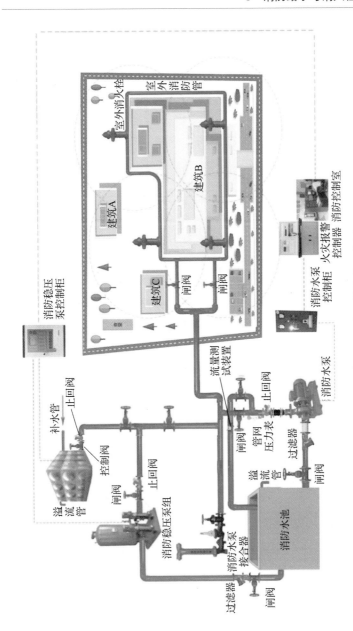

图 3-3 室外消火栓系统构成示意图

表 3-3　建筑物室外消火栓设计流量 /（L/s）

耐火等级	建筑物名称及类别			建筑体积 V/m³					
				V ≤ 1 500	1 500<V ≤ 3 000	3 000<V ≤ 5 000	5 000<V ≤ 20 000	20 000<V ≤ 50 000	V> 50 000
一、二级	工业建筑	厂房	甲、乙	15	15	20	25	30	35
			丙	15	15	20	25	30	40
			丁、戊	15	15	15	15	15	20
		仓库	甲、乙	15	15	25	25	—	45
			丙	15	15	25	25	35	—
			丁、戊	15	15	15	15	25	20
	民用建筑	住宅		15	15	15	15	15	15
		公共建筑	单层及多层	15	15	15	25	30	40
			高层	25	25	25	25	30	40
	地下建筑（包括地铁）、平战结合的人防工程			15	15	20	20	25	30
三级	工业建筑	乙、丙		15	20	30	40	45	—
		丁、戊		15	15	20	20	25	35
	单层及多层民用建筑			15	15	20	25	30	—
四级	丁、戊类工业建筑			15	15	20	20	30	—
	单层及多层民用建筑			15	15	20	20	—	—

（4）对于室外的火灾危险性场所，如储罐、可燃材料堆场、露天或半露天的工艺装置区等场所，室外消火栓将发挥与室内消火栓类似的作用，往往直接用于扑救火灾、冷却储罐或装置、阻止火势蔓延。当室外消防给水设计流量大于30L/s时，表明可燃材料堆场、可燃液体或可燃气体储罐、生产工艺装置的规模大，消防水枪应具备的充实水柱大，要求消防给水采用临时高压或高压消防给水系统，以提供更大的消防水枪射程满足消防救援的要求。这些场所的室外消火栓布置仍应满足灭火和冷却防护的要求，且间距不应大于60m。具体布置要求可见现行国家标准《消防给水及消火栓系统技术规范》GB 50974—2014第7.3.6条～第7.3.9条的规定。

【示例3-5】

（1）回流液体的分类。在国际上，回流液体分为如下五类：

1）Ⅰ类液体。对人体健康无害、符合饮用水卫生标准、安全有保障的健康水（Wholesome），即生活饮用水。

2）Ⅱ类液体。可饮用水由于温度变化，或由于出现引起味觉、嗅觉、性状改变的物质，导致审美质量（Aesthetic Quality）削弱的液体，例如热水。

3）Ⅲ类液体。由低度有害物质引起的、表现出轻微健康危害（A Slight Health Hazard）的液体，包括甘醇、硫酸铜溶液或其他类似化学添加剂、次氯酸钠消毒液等。

4）Ⅳ类液体。由有毒有害物质引起的、表现出显著健康危害（A Significant Health Hazard）的液体，包括含有致癌的化学物质或农药（杀虫剂、灭草剂），有潜在的显著危害健康的环境生物等。

5）Ⅴ类液体。由病原体微生物、放射性物质或剧毒物质引起的、表现出严重危害健康（A Serious Health Hazard）的液体，包括人类粪便污水、屠宰废水、动物排泄废水或其他途径产生的病原体微生物等。

消防给水的回流水质有两种情况：一是采用自来水作为水源，消防给水管道内的水回流。当消防给水的水源为自来水时，管道内的水因为腐蚀可能含有金属离子，属于Ⅲ类液体。当消防车向系统内加压供水时，消防车的水源采用自来水时，属于Ⅱ类液体。二是采用非自来水作为水源，消防给水管道内的水回流。当消防车的水为天然水源或其他非饮用水水源时，需根据水源的情况判定：当为地表水Ⅰ、Ⅱ类时可同自来水，属于Ⅱ类液体；当为地表水Ⅲ类时，可同Ⅲ类液体；当为地表水Ⅳ类至劣Ⅴ类、黑臭水体时，属于Ⅳ类液体或Ⅴ类液体。Ⅰ、Ⅱ类液体没有危害危险，Ⅲ类液体具有轻度危害危险、Ⅳ类液体具有中度危害危险、Ⅴ类液体具有高度危害危险。现行国家标准《建筑给水排水设计标准》GB 50015—2019 第 3.3.11 条规定的消防给水属于中度危害危险等级，是根据消防供水管道内的水回流判定的，当考虑消防车供水时应按高度危害危险等级考虑。

（2）倒流的分类。倒流在工程中有虹吸回流和反压回流（又称背压回流）两种情况，具体发生的可能情形如下：

1）虹吸回流。由于饮用水供水系统的配水管内产生负压，导致正常水流方向的倒转。

当室内消防给水由市政给水管网直接供水且市政给水管网爆管时，会造成负压抽吸，消防用水时因用水量巨大而引起附近管网产生负压等。

2）反压回流。由于饮用水供水系统的配水管内下游水压长时间或短时间高于供水管水压，导致正常水流方向的倒转。

如消防水泵从供水管上直接抽水，水泵出水管内的压力高于吸水管内的压力。当水泵因故障或停电而中断运行，或根据供水需求而自动停泵时，必然发生回流。因此，现行国家标准《消防给水及消火栓系统技术规范》GB 50974—2014 第 5.1.12 条规定，应在消防水泵出水管上设置有空气隔断的倒流防止。另外，当消防给水由市政给水直接供水且消防车通过消防水泵接合器向消给水时，也会产生背压回流。

（3）倒流防止器分类。倒流防止器分减压止回阀、双止回阀、单止回阀；减压型又分低阻力和常规型。单止回阀通常用于没有污染的场所，如Ⅰ类液体；双止回阀用于由城市给水管道直接向锅炉、热水机组、水加热器、气压水罐供水等Ⅱ类液体；低阻力倒流防止器用于Ⅲ类液体；减压型倒流防止器用于Ⅲ、Ⅳ、Ⅴ类液体。详见现行国家标准《建筑给水排水设计标准》GB 50015—2019第3.3.11条的规定。双止回阀是两个止回阀串联起来的阀门，其动作原理见图3-4。

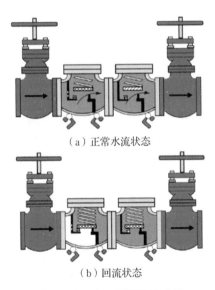

（a）正常水流状态

（b）回流状态

图3-4　双止回阀倒流防止器

减压型倒流防止器是在双止回阀的基础上增加止回阀阀瓣的开启压力以及泄水阀，是一套由多个阀门组合在一起的装置，包括前后检修闸阀、桶形过滤器、第一止回阀、第二止回阀、泄水阀和4个小的检测球阀，见图3-5。

其中，第一个检测球阀安装在倒流防止器上游闸阀的进水

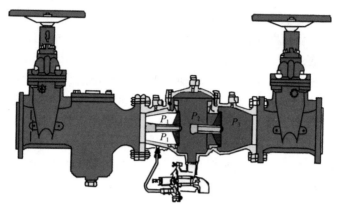

图 3-5　减压型倒流防止器

端。当倒流防止器需要检测或者维修时，需关闭前后检修闸阀，通过检测仪器链接各检测球阀，可以把压力导向各个腔体，可以引水冲洗腔体内部杂质。

第一止回阀、第二止回阀各具有一个弹簧，分别有不同的弹簧预紧力。弹簧的预紧力使得止回阀紧紧密封，两个独立的止回阀将倒流防止器的腔体分为进水腔、中间腔、出水腔。

根据能量守恒定律，水流推开止回阀需克服弹簧作用力形成各腔压力递减，其压力依次为 P_1、P_2、P_3。国家相关标准规定，当 P_1 与 P_2 的压差大于或等于 20kPa 时，第一止回阀应紧闭不漏水，当 P_2 与 P_3 的压差大于或等于 7kPa 时，第二止回阀紧闭不漏水。

泄水阀安装在倒流防止器中间腔最底部，其内部一个弹簧，弹簧的作用力让泄水阀处于开启状态。当倒流防止器正常工作时，压力 P_1 通过导管进入泄水阀的下腔，利用 P_1 与 P_2 的压差压缩泄水阀的弹簧，使泄水阀闭合密封不泄水。

国家相关标准规定，当 P_1 与 P_2 的压差大于或等于 14kPa 时，泄水阀不泄水。同时，为了保障泄水阀正常动作，便于观察泄水阀工作状态，要求倒流防止器的最低点距离地面不小于 30cm。

（4）倒流防止器有三种工况：正常流通状态、零流量状态、倒流状态。

在正常流通状态时，进水腔的水打开第一止回阀进入中间腔，中间腔的水打开第二止回阀进入出水腔，此时，$P_1>P_2>P_3$，泄水阀紧闭不泄水。在零流量状态时，两个止回阀因为弹簧预紧力迅速关闭，此时，$P_1>P_2>P_3$，泄水阀紧闭不泄水。在倒流状态时，具有虹吸倒流和背压回流两种模式。

1）虹吸倒流模式。如果前端发生爆管、停水、消防用水等情况，压力 P_1 产生波动，使得 P_1 与 P_2 的压差发生变化，当 P_1 与 P_2 的压差降低到最小压差值时，第一止回阀因弹簧预紧力迅速关闭密封；当 P_1 与 P_2 的压差降低到泄水阀的最小压差值时，泄水阀打开，将中间腔的水排出，同时空气进入。

如果第二止回阀密封完好，中间腔会形成一个空气隔断，防止回流污染。假设第二止回阀出现故障未密封，出水腔的水会进入中间腔，此时因为泄水阀早已打开，从出水腔进入中间腔的回流水通过泄水阀排出，从而有效防止回流污染。

2）背压回流模式。如果发生二次供水加压、重力流等情况，压力 P_3 升高，当 P_2 与 P_3 的压差降低到最小压差值时，第二止回阀迅速关闭密封；假设第二止回阀出现故障未密封，出水腔的水会进入到中间腔，压力 P_2 上升，P_1 与 P_2 的压差降低，当该压差降低到泄水阀最小压差值时，泄水阀打开，回流到中间腔的水从泄水阀排出，同时空气进入中间腔形成空气隔断，从而有效防止回流污染。

以上情形说明，供水流线凡越过了第一级止回阀密封面（国内外公认的安全界面），均无法回到市政供水一侧，这样就保证了供水的相对安全。

（5）倒流防止器的水头损失。水头损失大小是倒流防止器功能的根本性能，安全级别越高，水头损失越大；安全级别越低，水头损失越小。减压型倒流防止器的水头损失曲线参见图3-6。减压型倒流防止器因安全级别高，其水头损失也高于双止回阀倒流防止器。在水力学方面，如果水力坡度始终为正向，就不会

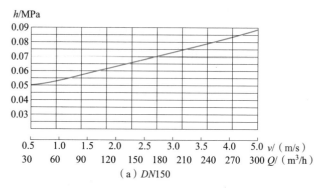

（a）DN150

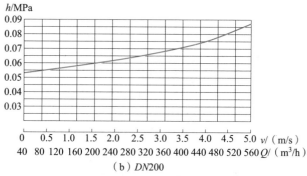

（b）DN200

图 3-6　减压型倒流防止器的水头损失曲线

产生倒流；一旦水力坡度逆转，就产生了倒流趋势，进而发生倒流污染。因此，在倒流趋势发生前，内在要求倒流防止器的止回阀具备速闭功能，瞬时关闭第一止回阀或第二止回阀。速闭功能实现的前提条件是每一级止回阀均需要一定的预紧力，这种预紧力由弹簧的最小压缩量产生。依据国家相关标准的规定，对每一级止回阀施以一定的正向压力，阀瓣脱离密封位置前，必须保持一定紧闭程度，其紧闭程度由弹簧的最小预紧力产生。第一级为 $\Delta P_{12}=20\text{kPa}$，第二级为 $\Delta P_{23}=7\text{kPa}$，加上水流的局部阻力损失，减压型倒流防止器的水头损失约为 0.05MPa ~ 0.10MPa，低阻力型水头损失稍低些，工程应用时应根据产品资料确定，但当消防用水时用水量剧增，水头损失会快速增加。

泄水阀是减压型倒流防止器保护性能的另一核心。泄水阀泄水的初始条件为：$\Delta P_{12}=P_1-P_2<14kPa$。泄水阀在 $\Delta P_{12}<14kPa$ 时开始泄水，当泄水阀持续打开时，大气通过漏水斗装置进入中间腔，使中间腔成为气室形成进水腔与出水腔之间的空气隔断，由此保护市政供水端的卫生安全。

3.0.5 室内消火栓系统应符合下列规定：

1 室内消火栓的流量和压力应满足相应建（构）筑物在火灾延续时间内灭火、控火的要求；

2 环状消防给水管道应至少有 2 条进水管与室外供水管网连接，当其中 1 条进水管关闭时，其余进水管应仍能保证全部室内消防用水量；

3 在设置室内消火栓的场所内，包括设备层在内的各层均应设置消火栓；

4 室内消火栓的设置应方便使用和维护。

【条文要点】

本条规定了室内消火栓系统的功能和基本的设置要求。室内消火栓系统的功能是灭火和控火，室内消防给水管网和消火栓设置的性能要求为管网安全、供水可靠，满足灭火和控火要求，方便使用和维护管理。

【实施要点】

（1）室内消火栓是用于消防救援人员进入着火建筑后使用的主要灭火器材，其流量是计算建筑总消防用水量的主要参数，压力是确定消防水泵选型的关键参数。室内消火栓的流量应以其设计流量为依据确定，设计流量应综合建筑物的功能、体积或高度、耐火等级、火灾危险性或者隧道内的通行车辆和交通流量等因素确定。不同建筑的室内消火栓设计流量，可见现行国家标准《消防给水及消火栓系统技术规范》GB 50974—2014 第 3.5.2 条 ~ 第 3.5.6 条的规定。室内消火栓系统构成示意参见图 3-7。

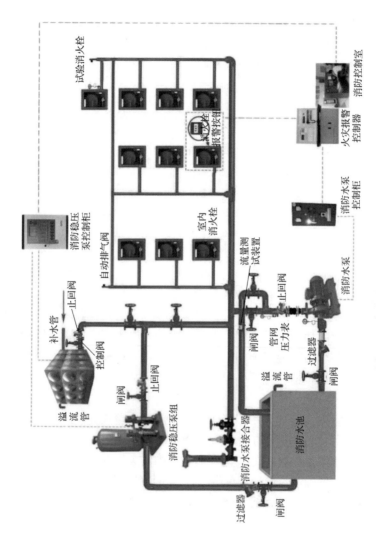

图 3-7 室内消火栓系统构成示意图

　　室内消火栓的压力应为其栓口压力,该压力应根据不同场所灭火时消防水枪应具备的充实水柱、消火栓的型号和布置间距经计算确定。室内消火栓的型号应综合使用人员的行为能力、建筑的火灾危险性、火灾类型和建筑的空间高度等因素确定。有关室内消火栓的布置间距、消防水枪的充实水柱要求,参见现行国家标准《消防给水及消火栓系统技术规范》GB 50974—2014 第7.4.10 条和第 7.4.12 条的规定。

　　(2)为满足当一部分消防供水管道维修或故障时,其余供水管网仍能正常出流,确保系统供水的可靠性,室内消火栓系统的消防给水管网应布置成环状,向室内环状消防给水管网供水的输水干管不应少于 2 条,且应保证当其中 1 条输水干管发生故障或关闭进行检修时,其余的输水干管仍能满足室内消火栓的消防给水设计流量。建筑消防给水系统是否设置环状管网应根据现行国家标准《消防给水及消火栓系统技术规范》GB 50974—2014 第 8.1.2 条、第 8.1.4 条和第 8.1.5 条的规定确定。

　　室内消火栓环状给水管道的布置,要保证其在检修管道期间关闭停用的室内消火栓供水竖管不超过 1 根,当室内消火栓竖管超过 4 根时,可关闭不相邻的 2 根;每根竖管与供水横干管相接处应设置阀门。

　　(3)建筑物内室内消火栓在建筑的每个楼层均应设置,并应包括人员能正常通行的设备层或夹层。对于交通隧道,可以沿车行道路沿线和在相应的设备用房区域设置;对于半通行的地沟等火灾时人员无法正常通行且难以开展消防救援作业的场所,可以不设置室内消火栓。

　　(4)室内消火栓的设置位置应满足方便消防救援人员安全使用的要求:

　　1)消火栓的接口方式、接口朝向、接口距离楼地面的高度应便于人员快速连接。一般接口距离楼地面为 1.1m,不应大于 1.5m;接口与墙体或柱体垂直,接口当前主要为 KN 型内扣式消防接口。

2）消火栓要优先设置在楼梯间或楼梯间前室等能保护消防救援人员的地点，其次是走廊等部位。

有关室内消火栓的设置要求，参见现行国家标准《消防给水及消火栓系统技术规范》GB 50974—2014 第 7.4 节的规定。

3.0.6 室内消防给水系统由生活、生产给水系统管网直接供水时，应在引入管处采取防止倒流的措施。当采用有空气隔断的倒流防止器时，该倒流防止器应设置在清洁卫生的场所，其排水口应采取防止被水淹没的措施。

【条文要点】

本条规定了室内消防给水管网引入管设置倒流防止器的条件及其卫生安全性能要求。

【实施要点】

当消防给水管网直接从生产、生活给水管道上接引时，因消防供水管道内的水长期不流动，水质变化难以满足生产和生活用水水质的要求，应采取在消防给水管网进水管处设置倒流防止器等措施，防止消防供水管道内的水回流至合用的供水管网，避免污染生产和生活用水。无论是居民住宅小区、商业区或者工业区的消防给水管网引入管，还是建筑物的室内消防给水管网引入管，当设置有空气隔断的倒流防止器时，因该倒流防止器有开口与大气相通，难以防止水源被污染。如需要采用此种类型的倒流防止器，倒流防止器应安装在清洁卫生的场所，不应安装在地下阀门井内等能被水淹没的场所。

对于有排水口的倒流防止器，因倒流防止器工作时，阀门打开后与大气相通，污浊的空气可进入管道内，当再次充水时，可能污染管道内的水。为确保管道内的水质安全，有排水口的倒流防止器应设置在清洁卫生的场所，排水口的设置高度应满足洪涝时排水口不被水淹没的要求。

【示例 3-6】

图 3-8（a）所示倒流防止器安装在地下井内，是不合理的。

当产生倒流时，泄水阀开启，与大气相通，地下阀门井的污浊空气进入污染即将接通的供水系统，也可能因地下阀门井内有雨水进入等而再次污染，因此不允许倒流防止器的泄水阀设置在环境污浊的空间，而应设置在空气清洁的区域，且泄水阀的最低处应高于地面300mm，以防止洪水淹没。图3-8（b）所示倒流防止器设置在地面上，其位置属于清洁区域，是合理的。对于严寒和寒冷结冰地区，应采取保温措施，通常设置在室内。

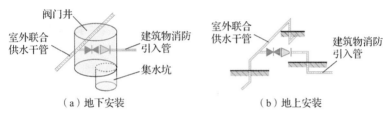

（a）地下安装　　　　　　　　（b）地上安装

图3-8　减压型倒流防止器安装示意图

3.0.7　消防水源应符合下列规定：

　　1　水质应满足水基消防设施的功能要求；

　　2　水量应满足水基消防设施在设计持续供水时间内的最大用水量要求；

　　3　供消防车取水的消防水池和用作消防水源的天然水体、水井或人工水池、水塔等，应采取保障消防车安全取水与通行的技术措施，消防车取水的最大吸水高度应满足消防车可靠吸水的要求。

【条文要点】

　　本条规定了消防水源的水质、水量和消防车吸水高度的性能要求，确保消防水源满足消防救援的需要。

【实施要点】

　　（1）消防水源的水质应满足水基消防设施本身及其灭火、控火、冷却等功能的要求。室外消防给水的水质可以差一些，如河水、海水、池塘水等，允许一定的颗粒物和杂质存在，但室内消防给水（如室内消火栓系统、自动喷水灭火系统的消防给水）等对水质要求较高，不允许颗粒物和杂质堵塞灭火系统的喷头和消火栓的消防水枪出水口等，平时水质不能有较强的腐蚀性，以保护消防供水管道、管道连接件、阀门及其组件等。

室内消防给水系统的水源应优先选择符合现行国家标准《生活饮用水卫生标准》GB 5749—2006 水质要求的市政管网给水，当采用雨水回收利用水、城市再生水、建筑中水时，应确保消防给水管道内平时所充水的 pH 为 6.0～9.0。当水基自动灭火系统对用水水质有专门要求时，还应符合相应自动灭火系统的用水水质要求。例如，工作压力为 10.0MPa 的高压细水雾灭火系统，其喷头直径为 0.2mm～1.2mm，对水质要求高，通常需采用软化水或纯净水，以防止结垢，影响效果。

（2）消防水源的水量应满足同一时间内火灾起数所需总消防用水量和每起火灾在火灾延续时间或设计持续供水时间内的最大设计流量和最大消防用水量。对于江、河、海等天然水源，应为枯水期可以有效利用的水量；对于水井和市政消防给水管网，应为其最大出流量；对于消防水池和消防水箱，应为其有效容量与在相应时间内的补水流量之和。有关消防水源的水量要求，可见现行国家标准《消防给水及消火栓系统技术规范》GB 50974—2014 第 3 章关于系统设计流量和一次灭火用水量的规定、第 4 章关于消防水池和第 5.2 节关于高位消防水箱供水的要求等。水基自动灭火系统的水量，还需满足相应类型灭火系统的设计流量和设计持续供水时间内的用水量要求。

（3）消防水源应满足方便消防车快速、安全取水的要求：

1）消防水源采用市政供水管网供水时，市政供水管网内平时的压力不应低于 0.10MPa。

2）消防水源周围应具有满足消防车通行和快速接近水源的道路及相应的环形车道或回车场地。采用市政供水管网供水时的设置要求，参见本章第 3.0.4 条的【实施要点】有关室外消火栓的布置要求。

3）天然水源、消防水池应设置方便消防车吸水的取水口，取水口的水位应满足消防车吸水高度的要求。

消防车的吸水高度为：当地大气压折合成水柱 –（消防水泵的汽蚀余量 + 吸水管的阻力损失 + 水的饱和蒸汽压）所得数值。对于沿海地区，海拔高度对大气压的影响忽略不计，可以按一个大气压计算，即 10.3m 水柱；汽蚀余量是水泵工作时水泵入口的压降，消防水泵的入口压降应根据所选产品确定，消防水泵的汽蚀余量通常为 2m ~ 3m；管道水头损失为 1m，水的饱和蒸汽压在 20℃和一个大气压条件下为 0.24m，可以忽略。因此，在沿海地区供消防车吸水的消防水池或天然水源，其吸水高度不应大于 6m。对于海拔高度大于 3 000m 的地区，大气压产生的水柱为 7.3m，吸水高度可以降低 3m，即不应大于 3m。但根据实践经验，高海拔地区的吸水高度接近于 0。因此，高海拔地区应根据当地的实践情况经计算确定。

有关消防水池取水口的设置要求，现行国家标准《消防给水及消火栓系统技术规范》GB 50974—2014 第 4.3.7 条规定，消防水池应设置取水口（井）且吸水高度不应大于 6.0m；取水口（井）与建筑物（水泵房除外）的距离不宜小于 15m，与甲、乙、丙类液体储罐等构筑物的距离不宜小于 40m，与液化石油气储罐的距离不宜小于 60m（当采取防止热辐射的保护措施时，可为 40m）。

有关天然水源的取水口设置要求，参见现行国家标准《消防给水及消火栓系统技术规范》GB 50974—2014 第 4.4.6 条、第 4.4.7 条的规定。

3.0.8 消防水池应符合下列规定：

1 消防水池的有效容积应满足设计持续供水时间内的消防用水量要求，当消防水池采用两路消防供水且在火灾中连续补水能满足消防用水量要求时，在仅设置室内消火栓系统的情况下，有效容积应大于或等于 50m³，其他情况

下应大于或等于100m³;

2 消防用水与其他用水共用的水池,应采取保证水池中的消防用水量不作他用的技术措施;

3 消防水池的出水管应保证消防水池有效容积内的水能被全部利用,水池的最低有效水位或消防水泵吸水口的淹没深度应满足消防水泵在最低水位运行安全和实现设计出水量的要求;

4 消防水池的水位应能就地和在消防控制室显示,消防水池应设置高低水位报警装置;

5 消防水池应设置溢流水管和排水设施,并应采用间接排水。

【条文要点】

本条规定了消防水池有效容积的性能要求和保证消防救援可靠用水的技术要求。

【实施要点】

(1)消防水池的有效蓄水量为水池内可被消防救援利用的全部水量,该蓄水量应满足火灾延续时间或设计持续供水时间内相应水基消防系统或消防车直接取水灭火的消防用水量要求。消防水池的有效容积可以按照水池内设计最高水位与消防水池最低有效水位之间的距离乘以消防水池的净面积计算。消防水池的最低有效水位应按照消防水泵吸水喇叭口或出水管喇叭口以上0.60m的水位确定,当消防水泵吸水管或消防水箱出水管上设置防止旋流器时,消防水池的最低有效水位应为防止旋流器顶部以上0.20m的水位。

火灾延续时间或设计持续供水时间内的消防用水量确定,见本章第3.0.1条【实施要点】,详细计算可见现行国家标准《消防给水及消火栓系统技术规范》GB 50974—2014第3.6.1条。当消防水池具有两路供水时,可以视为具有可靠的连续补水条件。如补水流量满足消防用水流量的要求,消防水池的有效蓄水量可以减去该补水水量,但仍应满足水基消防系统初期的消防用水要求。例如,当建筑仅设置室内消火栓系统时,消防水池的有效容积应大于或等于 $50m^3$;当设置室内消火栓和自动喷水灭火系统或者防护冷却自动喷水系统时,应大于或等于 $100m^3$。火灾延续时间或设计持续供水时间内的连续补水流量,应按照向消防水池供水的管道中最不利进水管的供水量计算。有关消防水池在火灾时的补水要求,参见现行国家标准《消防给水及消火栓系统技术规范》GB 50974—2014 第 4.3.5 条的规定。

(2)消防用水与生产、生活用水等其他用水合用水池时,应具有确保消防用水在平时和消防救援时均不被用作其他用途的技术措施。通常,可以在消防水池设置消防用水水位报警装置,当其他用水使水池的水位低于消防用水所需水位时,可以发出报警信号并联动停止其他用水水泵的运行。

(3)消防水池出水管应满足水池内有效蓄水量能全部被利用的要求,这是确定消防水池最低有效水位的性能规定,也是确保消防水泵安全运行的要求。在确定消防水池最低有效水位时应考虑两个因素:一是出水管不能进气。通常,进水管的淹没水深要保证达到出水管管径的 4 倍~6 倍,且不应小于 0.6m。二是满足消防水泵自灌式吸水的要求。自灌式吸水位是水能够依靠重力进入消防水泵泵腔内的水位。有关消防水泵吸水的具体要求,可见现行国家标准《消防给水及消火栓系统技术规范》GB 50974—2014 第 5.1.12 条、第 5.1.13 条的规定。

(4)消防水池应设置水位监测装置,包括溢流水位、正常水位、最低报警水位和消防水池无水报警水位等的监测。所监测的消防水池水位信息应能同时实时在消防水池设置部位和消防控制室显示,方便检查和监视,以及时采取相应的处置措施。

溢流水位是当补水管的自动关闭装置发生故障(如浮球阀、液位阀的机械问题或电动电磁阀故障等)时,通过溢流水管泄放水的水位,防止水池超压破坏。正常水位是消防水池内的消防用水水位处于正常状态，没有被其他用水占用的水位。最低报警水位是指示消防给水系统大量漏水或者消防给水系统已启动供水的水位。消防水池无水报警水位主要用于提醒消防救援人员水池无水了，要立即组织水源，并防止消防水泵干转。无水水位应在消防水泵最低吸水水位以上，且水量可以满足5min～10min的消防用水量，为应急组织水源提供时间。

（5）消防水池应设置溢流水管。这是当补水管道自动关闭装置发生故障时的一种保护性措施。

（6）本条强调消防水池应设置排水设施。该要求关乎消防水池维修时的卫生安全，主要为防止发生消防水池内的水回流至生产、生活供水管网而致水质被污染，也可以防止出现污水倒灌等现象。间接排水是将水排到地面或不直接与排水管道系统相接，且与地面有一定的安全距离，或通过喇叭口排入排水管道系统，中间有空气隔断，能够较好地防止污染给水管网内的水。

【示例3-7】

根据现行国家标准《建筑给水排水设计标准》GB 50015—2019的规定，民用建筑内的消防用水与生活用水池是分开设置，不存在合用的情况。但在居住小区或工厂等有可能合用，合用时可能用于生活也可能用于生产，为确保消防应急用水不被挪作他用，一般要采取以下技术措施：

（1）设置报警水位。报警水位是当水位位于消防用水水位上50mm～100mm时应发出报警信号，即相当于利用消防水池的最高水位报警功能，见图3-9。

（2）当生产、生活水泵继续使用并到达消防用水水位时，采用机械方式使生产、生活水泵停泵。例如，在吸水管上设置开孔，通过进气破坏水泵的工作状态，逼迫其停泵，见图3-9。

（3）消防用水水位直接与生产生活泵控制联锁，一旦到达消防用水水位，生产、生活水泵自动停泵。

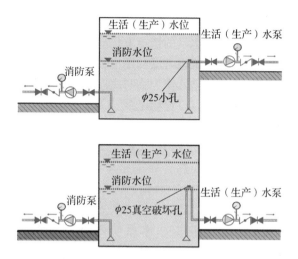

图3-9　合用水池消防用水报警水位

3.0.9　高层民用建筑、3层及以上单体总建筑面积大于
10 000m² 的其他公共建筑，当室内采用临时高压消防给水
系统时，应设置高位消防水箱。

【条文要点】

本条规定了临时高压消防给水系统必须设置高位消防水箱的
条件。

【实施要点】

（1）高层民用建筑、单体总建筑面积大于 10 000m² 且层数
为 3 层及大于 3 层的公共建筑可能造成的火灾损失大，应提高对
其初起火灾的响应能力和火灾扑救与控制效果，确保建筑消防给
水系统在火灾扑救初期用水的可靠性。在建筑屋顶上设置的高位
消防水箱作为第二水源，可以在消防水泵尚未启动前利用管道内
平时维持的压力向水基消防设施直接供水，也能较好地满足相应
消防用水设施的出水流量和出水压力要求。

（2）对于上述建筑以外的其他建筑，有条件时也要尽量设置
高位消防水箱，但可以在确保消防给水可靠性的基础上确定是否

设置，不做强制要求。另外，当市政供水管网的供水能力在满足生产、生活最大小时用水量的情况下仍能满足初期火灾所需消防流量和压力时，其他建筑也可以利用市政给水管网直接供水替代设置高位消防水箱。但是，作为临时高压消防给水系统，如其他建筑不设置高位水箱，应设置稳压泵。

3.0.10 高位消防水箱应符合下列规定：

1 室内临时高压消防给水系统的高位消防水箱有效容积和压力应能保证初期灭火所需水量；

2 屋顶露天高位消防水箱的人孔和进出水管的阀门等应采取防止被随意关闭的保护措施；

3 设置高位水箱间时，水箱间内的环境温度或水温不应低于5℃；

4 高位消防水箱的最低有效水位应能防止出水管进气。

【条文要点】

本条规定了高位消防水箱的性能和确保消防水箱内的水能被可靠利用的要求。

【实施要点】

（1）高位消防水箱主要用于保证建筑发生火灾后初期灭火的消防用水量，其位置应满足在灭火初期消防水泵尚未启动前的出水压力和流量要求。在实际工程中，高位消防水箱应设置在高于所服务水基消防设施作用高度的位置，且水箱内的最低有效水位应满足水基消防设施水力最不利点处的静水压力要求。

有关高位水箱的有效容积要求，现行国家标准《消防给水及消火栓系统技术规范》GB 50974—2014第5.2.1条规定，当建筑高度大于100m时，不应小于50m³，当建筑高度大于150m时，不应小于100m³，其他一类高层公共建筑，不应小于36m³；多层公共建筑、二类高层公共建筑和一类高层住宅，不应小于18m³，当一类高层住宅建筑高度超过100m时，不应小于36m³；二类高层住宅，不应小于 12m³ ；建筑高度大于 21m 的多层住宅，不应小于 6m³ ；工业建筑室内消防给水设计流量当小于或等于 25L/s 时，不应小于 12m³ ，大于 25L/s 时，不应小于 18m³ ；总建筑面积大于 10 000m² 且小于或等于 30 000m² 的商店建筑，不应小于 36m³ ，总建筑面积大于 30 000m² 的商店建筑，不应小于 50m³ ，当为一类高层商店建筑时，应按照一类高层建筑高位水箱的有效容积要求比较后取较大值。有关高位水箱的设置高度要求，该标准第 5.2.2 条规定：一类高层公共建筑，不应低于 0.10MPa，但当建筑高度超过 100m 时，不应低于 0.15MPa；高层住宅、二类高层公共建筑、多层公共建筑，不应低于 0.07MPa，多层住宅不宜低于 0.07MPa；工业建筑不应低于 0.10MPa，当建筑体积小于 20 000m³ 时，不宜低于 0.07MPa；自动喷水灭火系统等自动水灭火系统应根据喷头灭火需求压力确定，但最小不应小于 0.10MPa；当高位消防水箱不能满足上述静压要求时，应设置稳压泵。上述要求，可以作为确定高位消防水箱的设置高度和有效容积的依据。另外，对于建筑高度大于 250m 的建筑，高位消防水箱的有效蓄水量应能够满足建筑发生一起火灾需同时开启的水消防设施在火灾延续时间或设计持续喷水时间内所需全部消防用水量。

（2）在允许上人的屋顶露天设置的高位消防水箱应采取防止消防用水阀门被关闭的防护措施，防止人为破坏或误操作，确保火灾时的用水可靠性。屋顶水箱的人孔、进出水管的阀门等应采取锁具或阀门箱保护。

（3）本条是本规范第 2.0.3 条规定的具体体现，属于关键技术措施。其中，消防水箱防冻主要针对寒冷季节存在冰冻的地区，以防止高位消防水箱结冰而不能满足消防用水要求。高位消防水箱出水管的喇叭口应高出水箱底 150mm ~ 200mm，以防止出水管进气；当不采用防止旋流器时，防止出水管进气的淹没高度应为出水管管径的 4 倍~6 倍，当设置防止旋流器时，该淹没高度不应小于200mm。

3.0.11 消防水泵应符合下列规定：

1 消防水泵应确保在火灾时能及时启动；停泵应由人工控制，不应自动停泵。

2 消防水泵的性能应满足消防给水系统所需流量和压力的要求。

3 消防水泵所配驱动器的功率应满足所选水泵流量扬程性能曲线上任何一点运行所需功率的要求。

4 消防水泵应采取自灌式吸水。从市政给水管网直接吸水的消防水泵，在其出水管上应设置有空气隔断的倒流防止器。

5 柴油机消防水泵应具备连续工作的性能，其应急电源应满足消防水泵随时自动启泵和在设计持续供水时间内持续运行的要求。

【条文要点】

本条规定了消防水泵的性能和确保其可靠及时启动与可靠运行的要求。

【实施要点】

（1）消防供水的功能是满足消防给水系统所需流量和压力的要求，而消防水泵是消防给水系统的心脏，其性能应满足消防供水的功能要求。因此，消防水泵应根据消防给水系统所需设计流量和工作压力确定其公称流量和扬程。

（2）消防水泵所配驱动器的性能应确保消防水泵在任何情况下均能及时启动和正常运行。在实践中，要求消防水泵的流量轴功率性能曲线下水泵轴功率有个最大的拐点，驱动器的功率不应小于该拐点的功率。消防给水系统在水力最有利处的系统出流量往往大于设计流量很多，为确保消防水泵在消防供水超设计工况时也不会过载运行，满足消防供水可靠性的要求，在消防水泵的流量轴功率性能曲线上必须有最大轴功率拐点。

（3）消防水泵应具有自动启动的功能和持续运行的性能，以满足消防给水系统的可靠性要求。消防水泵应采取自灌式吸水。

消防水泵启泵后不允许具有自动停泵功能。因为水位设定或火灾延续时间等原因设定的停泵，往往不合理，也可能造成火灾扑救的失败。火灾的不确定性大，使用完全部设计水量不一定能扑灭火灾，而火场的消防水源也有不少补水措施，并不是在保证火灾延续时间或设计持续供水时间内的供水后就没有水了。此外，当火灾还未扑灭时突然自动关闭消防水泵，也会给在现场扑救火灾的消防救援人员带来一定的危险。因此，不允许消防水泵自动停泵，而需要根据现场情况人工关停水泵。人工停泵是指由有管理权限的人员（如消防设施的管理人员、火场的指挥员或相应的消防救援人员）根据火灾扑救情况和水池的水量等确定关停消防水泵。

（4）柴油机消防水泵应具有在设计持续供水时间或火场消防救援指挥员要求持续供水的时间内持续运行的性能，防止出现间歇运行，或运行超过 2h 后自动停机，或因过热而报警等现象，确保消防供水的可靠性。

设计持续供水时间为建设工程中的水基消防系统设计所需持续供水的时间。对于用于灭火的消火栓系统，可以按照火灾延续时间确定；对于水基自动灭火系统，应根据灭火系统设定的防护目标所需时间确定；对于用于防护冷却和防火分隔的水系统，应根据设计所需冷却和防火分隔的时间确定，详见本章第 3.0.1 条的【实施要点】。

对于柴油机消防水泵的相关性能及其备用电源等的要求，参见现行国家标准《消防给水及消火栓系统技术规范》GB 50974—2014第 5.1.8 条规定，柴油机消防水泵应采用压缩式点火型柴油机，其公称功率应校核海拔高度和环境温度对柴油机功率的影响；柴油机消防水泵应具备连续工作的性能，试验运行时间不应小于 24h，其蓄电池应保证消防水泵随时自动启泵的要求，供油箱应根据火灾延续时间确定，且油箱最小有效容积应按

1.5L/kW 配置，柴油机消防水泵油箱内储存的燃料不应小于 50%
的储量，同时，还应考虑 2.0L/kW 的回流油的冷却容积，合计应
配置 5.0L/kW 的油箱。

3.0.12 消防水泵控制柜应位于消防水泵控制室或消防水泵
房内，其性能应符合下列规定：

1 消防水泵控制柜位于消防水泵控制室内时，其防护
等级不应低于 IP30；位于消防水泵房内时，其防护等级不
应低于 IP55。

2 消防水泵控制柜在平时应使消防水泵处于自动启泵
状态。

3 消防水泵控制柜应具有机械应急启泵功能，且机械
应急启泵时，消防水泵应能在接受火警后 5min 内进入正常
运行状态。

【条文要点】

本条规定了消防水泵控制柜的基本功能、性能和设置要求。

【实施要点】

（1）消防水泵控制柜的防水、防尘性能是保证消防给水系统
可靠运行的关键。消防水泵房内充满压力水的管道多，如因压力
过高（如水锤等原因）引发管道泄漏并将水喷溅到消防水泵控制
柜时，有可能影响控制柜的正常运行，使消防水泵不能正常启动
而无法供水。IP55 是防尘、防射水的防护等级。当消防水泵控制
柜设置在专用的消防水泵控制室内时，由于控制室不允许有其他
管道穿越，不存在喷溅水作用的危险，消防水泵控制柜的防护等
级可以降低至 IP30，即满足防尘要求即可；当设置在具有喷溅
水的场所时，消防水泵控制柜的防护等级不应低于 IP55。

（2）临时高压消防给水系统应具有自动启动消防水泵的功
能。消防水泵控制柜在准工作状态时应使消防水泵处于自动启泵
状态，以提高消防给水的可靠性和灭火的成功率。当消防水泵处
于自动启泵状态时，消防水泵应由消防水泵出水干管上设置的压

力开关、高位消防水箱出水管上的流量开关，或报警阀压力开关等开关信号直接自动启动。压力开关一般可采用电接点压力表、压力传感器等。当消防水泵处于手动启动状态时，消防水泵无法自动启动，往往贻误灭火时机，特别是对于自动喷水灭火系统等自动水灭火系统，往往造成火灾扑救的延误和失败。本条是针对临时高压消防给水系统的消防水泵。

（3）压力开关、流量开关等弱电信号和硬拉线通过继电器实现自动启动消防泵，如消防水泵控制柜内的控制线路出现故障导致水泵无法启动、供电电压低等都将无法实现自动或手动启动消防泵。消防水泵控制柜应具有在其他启动方式失效情况下机械应急启动的功能，确保消防水泵在最不利情况下仍能正常启动，是一种保全技术措施。机械应急启动装置宜采用在电气控制线路的接触器上施加外力，使接触器闭合接通供电回路，实现消防水泵启动。

3.0.13 稳压泵的公称流量不应小于消防给水系统管网的正常泄漏量，且应小于系统自动启动流量，公称压力应满足系统自动启动和管网充满水的要求。

【条文要点】

本条规定了稳压泵的重要功能和性能要求。稳压泵的流量和压力设置是临时高压消防给水系统的关键内容，这些参数取值关乎稳压泵选型的合理性，决定着临时高压消防给水系统的供水可靠性和经济合理性。

【实施要点】

（1）稳压泵应根据其设计流量和设计压力选型。稳压泵主要用于维持临时高压消防给水系统管网内平时的压力，其选型应满足消防给水系统充满设计压力的水和自动启动稳压泵的功能要求，稳压泵的压力和流量是其满足功能要求的主要性能参数。稳压泵的流量与压力符合流量扬程曲线，扬程随流量的增加而降低，稳压泵的流量决定系统中平时的压力，而压力设计又决定着临时高压消防给水系统的供水可靠性。设置稳压泵的临时高压消防给水系统，处于自动启泵状态的消防水泵首先由消防水泵出水管上的压力开关联动自动启动，当出水管上的压力下降到设定值时，消防水泵就会自动启泵。

（2）稳压泵的设计压力不宜小于消防水泵零流量时的扬程。当消防水泵为单台工作泵，或功率不是很大时，临时高压稳压泵的设计压力不应小于消防水泵设计扬程加上 0.10MPa 的值；当工作泵为 2 台及以上时，临时高压稳压泵的设计压力不应小于消防水泵零流量时的扬程加上 0.10MPa 的值，以提高消防水泵启动的可靠性，减少对配电系统的干扰。

（3）稳压泵的设计流量不应小于临时高压消防给水系统管网的泄流量，以确保系统始终处于充满水的状态。同时，稳压泵的设计流量应小于临时高压消防给水系统管网泄流量与临时高压消防给水系统中水力最不利处喷头或消火栓的出水水枪等一个灭火单元的最小出流量之和。

4 自动喷水灭火系统

4.0.1 自动喷水灭火系统的系统选型、喷水强度、作用面积、持续喷水时间等参数，应与防护对象的火灾特性、火灾危险等级、室内净空高度及储物高度等相适应。

【条文要点】

本条规定了自动喷水灭火系统设计选型和系统参数的确定原则，以保证自动喷水灭火系统能够有效发挥其灭火、控火、防护冷却和防火分隔作用。

【实施要点】

自动喷水灭火系统是由洒水喷头、报警阀组、水流报警装置（水流指示器或压力开关）等组件，以及管道、供水设施等组成，能在发生火灾时自动喷水的灭火系统，该系统主要利用喷出的水吸收可燃物燃烧产生的热量使燃烧不能持续来扑灭和控制火灾。湿式自动喷水灭火系统构成示意参见图 4-1。

（1）系统的类型、喷水强度、作用面积和持续喷水时间等，是决定自动喷水灭火系统能否发挥灭火、控火、冷却和隔火功能的关键要素；防护对象的火灾特性、火灾危险等级、室内净高、储物高度、室内温度和洁净度等环境条件等，是影响系统选型和确定系统喷水强度等系统参数的主要因素。在确定自动喷水灭火系统的相关工程应用标准、系统组件性能和系统技术参数时，均要仔细分析和考虑这些因素。有关系统组件、管道等的性能，系统防护、管道和水源防冻、洒水喷头保护等要求，应符合本规范第 2 章及国家相关产品和技术标准的规定。

1）防护对象的火灾特性主要包括火灾的种类（可燃固体的表面火或深位火、可燃气体或可燃液体火、带电设备火等）、火灾的蔓延速度（慢速火、中速火、快速火、超快速火）、立体蔓

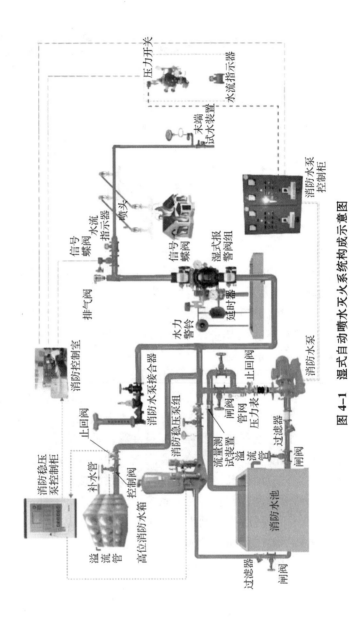

图 4-1　湿式自动喷水灭火系统构成示意图

延还是横向蔓延、有焰火还是无焰火或阴燃等。防护对象的火灾特性对系统和喷头的选型，确定系统的作用面积、喷水强度和持续供水时间影响大。

2）火灾危险等级是根据系统设置场所内可燃物的类型和物理状态、可燃物的分布状态和数量、系统设置场所中同一区域的面积和室内净高、设置场所火灾发展蔓延可能产生的后果等体现的火灾危险性对系统设置场所定性划分的级别，以更有针对性地确定相应的系统技术参数，它是确定系统喷水强度的主要影响因素。现行国家标准《自动喷水灭火系统设计规范》GB 50084—2017第3.0.1条规定，根据这些因素将设置场所的火灾危险等级分别划分为轻危险级，中危险Ⅰ级、Ⅱ级，严重危险Ⅰ级、Ⅱ级，仓库危险Ⅰ级、Ⅱ级和Ⅲ级。在实际工程中，可以参照该标准的附录确定相应场所的火灾危险等级类别。

3）储物高度主要针对用作储存物质的房屋建筑（主要为丙类火灾危险性物品的仓库），室内环境主要为设置场所的最高和最低环境温度、湿度、腐蚀性、粉尘或灰尘等产生情况。这些因素对确定系统类型、系统组件性能和洒水喷头的选型影响大。室内净高是确定洒水喷头最大安装高度和最小安装高度的主要影响因素。

（2）自动喷水灭火系统根据系统采用的喷头类型可分为闭式系统和开式系统；根据系统的组成与技术特点，闭式系统又分为湿式系统、干式系统、预作用系统和重复启闭预作用系统，开式系统还可分为雨淋系统和水幕系统；根据系统设防目标、性能特点及设置范围，湿式系统又可分灭火系统、防护冷却系统、局部应用系统等。

自动喷水灭火系统的类型需要综合设置场所的空间高度或储物高度、可能的火灾燃烧和蔓延特性、设置场所的环境温度、保护对象对水渍损失的敏感性等因素确定。系统的类型应在符合本规范第4.0.2条规定的基础上，根据现行国家标准《自动喷水灭火系统设计规范》GB 50084的规定确定。例如,《自动喷水灭火系统设计规范》GB 50084—2017第4.2.1条规定,自动喷水灭火系统的选型应根据设置场所的建筑特征、环境条件和火灾特点等选择相应的系统类型。露天场所不宜采用闭式系统。第4.2.2条规定,环境温度不低于4℃且不高于70℃的场所应采用湿式系统;第4.2.3条规定,环境温度低于4℃或高于70℃的场所应采用干式系统。第4.2.4条规定,系统处于准工作状态时严禁误喷的场所或严禁管道充水的场所、用于替代干式系统的场所应采用预作用系统。第4.2.5条规定,灭火后必须及时停止喷水的场所应采用重复启闭预作用系统。

（3）自动喷水灭火系统成功扑救火灾的条件主要体现在以下三个方面:

1）系统的启动性能,即系统能够在发生火灾时第一时间感知火灾并及时启动的性能。

2）系统的灭火能力,取决于系统设计参数的合理性和系统在启动后能够立即按设定参数持续正常工作的性能。

3）系统的各组件配合紧密,能保证系统可靠正常运行的性能。

闭式系统依靠闭式喷头感受火灾的温度或火灾探测器侦测到火情并确认后触发系统启动,自动控制喷头的开放时间并对所保护部位局部定位喷水。在灭火过程中,系统可以根据开启喷头的灭火效果自动控制喷头的开启数量,达到控制喷水面积的目的。

不同于闭式系统的定位喷水模式,开式系统依靠火灾自动报警系统联动控制系统启动,并以固定的较大喷水覆盖范围扑救火灾或阻挡火势的水平或竖向蔓延,以实现灭火、隔火的目标。

（4）不仅不同室内净高或储物高度的场所、不同类型的系统、采用不同洒水方式或开启方式和流量系数的喷头及不同喷头设置方式的系统,其喷水强度、作用面积和持续喷水时间及喷头的最低工作压力、喷头布置间距等系统技术参数差别较大，而且随着新技术的应用，满足规范规定设置目标和性能要求的新型自动喷水灭火系统还将出现。实际上，自动喷水灭火系统200多年的应用历史，一直是该类系统新技术、新材料和新设备不断研发与应用，产品质量、系统技术水平和灭火、控火效果不断发展和提高的历史。因此，本规范未严格规定自动喷水灭火系统的喷水强度、作用面积和喷头的布置间距等系统技术参数，以促进相关技术进步。

1）对于已在工程中成熟应用的自动喷水灭火系统，相关工程应用参数可以根据现行国家标准《自动喷水灭火系统设计规范》GB 50084等标准的规定选用。例如，《自动喷水灭火系统设计规范》GB 50084—2017第5章详细规定了针对不同使用性质建筑、不同室内净高或火灾危险等级的场所、不同类型自动喷水灭火系统、不同洒水方式和流量系数洒水喷头的自动喷水灭火系统的工程应用技术参数。假设某室内最大净高为9.0m的单层高架仓库，最大储物高度为6.0m，火灾危险等级为仓库危险级Ⅱ级，最低环境温度不低于4℃。按照国家标准《自动喷水灭火系统设计规范》GB 50084—2017第5.0.4条的规定，该自动喷水灭火系统可以采用湿式系统，喷水强度为24L/（min·m²），作用面积为280m²，持续喷水时间不应小于2.0h。第5.0.6条规定，系统应采用早期抑制快速响应喷头，当选用流量系数K-202的早期抑制快速响应喷头时，喷头的最低工作压力应为0.35MPa，作用面积内开放的喷头数为12只，系统持续喷水时间不应小于1.0h。

2）对于现行国家相关技术标准未明确或无规定的系统应用参数，应在试验验证的基础上经相关责任主体按照本规范规定的目标、功能和性能要求确定。

4.0.2 自动喷水灭火系统的选型应符合下列规定：

1 设置早期抑制快速响应喷头的仓库及类似场所、环境温度高于或等于 4℃且低于或等于 70℃的场所，应采用湿式系统。

2 环境温度低于 4℃或高于 70℃的场所，应采用干式系统。

3 替代干式系统的场所，或系统处于准工作状态时严禁误喷或严禁管道充水的场所，应采用预作用系统。

4 具有下列情况之一的场所或部位应采用雨淋系统：

1）火灾蔓延速度快、闭式喷头的开启不能及时使喷水有效覆盖着火区域的场所或部位；

2）室内净空高度超过闭式系统应用高度，且必须迅速扑救初期火灾的场所或部位；

3）严重危险级Ⅱ级场所。

【条文要点】

本条规定了典型场所设置自动喷水灭火系统时的系统选型基本要求。对于本规范未规定的场所，系统选型应根据能保证系统正常和可靠运行、及时动作、有效灭火或控火、能避免系统误动作产生次生危害为原则，比照本条规定确定。

【实施要点】

（1）湿式系统是自动喷水灭火系统的基本类型，其他类型的系统均是在湿式系统的基础上衍生和发展而成。湿式系统应用最广泛，可用于环境温度高于或等于 4℃且低于或等于 70℃的场所。环境温度低于 4℃的场所有冰冻的危险，高于 70℃的场所有水汽化的风险。当环境温度低于 4℃的场所确需采用湿式系统时，应采用电伴热、在管网内添加防冻液等防冻方式保持系统内的水不被冰冻。

早期抑制快速响应喷头是针对仓库等高火灾危险等级场所火灾研发的，也是国际上公认至今唯一具有抑火功能的喷头，具有响应时间快、喷水流量大和水滴粒径大的特点。自动喷水灭火系统采用早期抑制快速响应喷头时应选用湿式系统，以充分发挥系统启动后立即大流量喷水的特点，实现快速、高效抑制高火灾危险等级场所火灾的目标。仓储式商场、自选商场等场所既具有商场、超市的零售功能，又具有仓库的储存功能，所设置自动喷水灭火系统的参数应按照对应火灾危险等级仓库的相应系统技术参数确定。因环境条件等不具备设置湿式系统的仓库及类似场所，可以选用干式系统或预作用系统，但不应采用早期抑制快速响应喷头。

（2）干式系统的适用范围与湿式系统相反。干式系统可用于环境温度低于4℃或高于70℃的场所，但该类系统灭火效率低、易因管道漏气或喷头被碰撞等引发系统误动作，可靠性较湿式系统低。现行国家标准《自动喷水灭火系统设计规范》GB 50084—2017对干式系统的管网大小、喷头选型和充水时间等有严格限制。如该标准第6.2.3条规定，干式系统一个报警阀组控制的喷头数不宜大于500个；第6.1.4条规定，干式系统应采用直立型喷头或干式下垂型喷头；第8.0.11条规定，干式系统的充水时间不宜大于1min。因此，干式系统除在设计、施工阶段要严格执行这些规定外，还应注意设置气压监测以及补气和稳压装置，以便在系统正常运行过程中及时向管网补气和稳压。

（3）预作用系统同时具有湿式系统和干式系统的特点，可以替代湿式系统用于要求在系统处于准工作状态时禁止误喷的场所，如重要的数据机房、重要或珍贵的图书和档案室等，也可以替代干式系统用于低温场所或禁止系统管道充水的场所，如冷库、寒冷季节环境温度低于系统正常使用温度的车库和仓库等。预作用系统需要设置与火灾感应装置联动的系统，一般需与火灾自动报警系统联动控制，因此要确保火灾自动报警系统或火灾感应装置与自动喷水灭火系统联动的可靠性。

（4）雨淋系统采用开式喷头，报警阀后的管网不充水。雨淋系统的喷水范围由报警阀控制，需要配套的火灾自动报警系统或传动管系统监测火灾并控制雨淋阀，对自动控制系统的可靠性要求高，不允许误动作或不动作。雨淋系统主要用于火灾发展和蔓延速度快的场所（如存在布景葡萄架、幕布的剧院的舞台，电影摄影棚、燃气储瓶间及其他可燃气体危险性场所等）、火灾危险等级为严重危险级 II 级的场所（如含有可燃液体喷雾、油漆喷涂等作业场所）。对于室内净空高度高、采用闭式系统会使喷头开放滞后于火灾水平蔓延速度，难以使喷水有效覆盖火灾范围，不能有效控制火灾连续蔓延的场所（主要为工业生产车间或部分仓库），可以采用雨淋系统以弥补闭式系统的缺陷。

【示例 4-1】

某高层建筑，地上 24 层，建筑高度 98m，主要功能为酒店和办公；裙房 4 层，建筑高度 22m，主要功能为商场、餐饮、会议等，商场内的中庭与连通的商业营业区域之间采用防火玻璃墙分隔；地下室各层主要功能为办公、车库、设备用房等，地下车库未设置供暖设施，在寒冷季节的温度低于 4℃。建筑全部设置自动喷水灭火系统保护，则该自动喷水灭火系统选型和建筑不同区域的火灾危险等级可按照表 4-1 选择和确定。

表 4-1　某高层建筑自动喷水灭火系统选型
和不同区域的火灾危险等级划分

序号	区域 / 部位	系统选型	火灾危险等级
1	酒店、办公区域	湿式系统	中危险级 I 级
2	地下车库	预作用系统	中危险级 II 级
3	中庭周围的防火玻璃墙	自动喷水防护冷却系统	—

4.0.3　自动喷水灭火系统的喷水强度和作用面积应满足灭火、控火、防护冷却或防火分隔的要求。

【条文要点】

本条规定了自动喷水灭火系统设计的关键参数，如喷水强度和作用面积应满足的基本要求，以保障自动喷水灭火系统在工作状态下能够达到设定的功能目标。

【实施要点】

（1）喷水强度和作用面积是衡量系统控火、灭火作用大小的基本指标。喷水强度是自动喷水灭火系统在单位时间、单位面积上的洒水量，防护对象的火灾危险等级越高，所需喷水强度越大。作用面积是一次火灾中系统按喷水强度保护的最大面积，即自动喷水灭火系统能够有效实施控火、灭火的最大保护范围，体现了系统的最大控火、灭火能力，超出此面积，系统不能有效灭火或控火。

（2）系统的作用面积和喷水强度是确定系统用水量的主要依据。只有合理确定这两项参数，才能既能有效实现系统的设置目的，又能更好地发挥系统的效能，取得较好的经济效果。

自动喷水灭火系统是用于扑救发生在建设工程中处于初起阶段尚未进入快速增长阶段的火灾，通常可以在建筑室内发生火灾后 1min～2min 就能使洒水喷头动作并启动系统喷水。一旦系统启动，所开启数量的洒水喷头喷出的水就应能有效覆盖初起火蔓延的范围或保护对象。为此，要求洒水喷头单位时间喷出的水量（即喷头的喷水流量）不应小于控火、灭火、防护冷却或防火分隔所需水量。系统的作用面积受喷水强度控制，当系统喷出的水因遮挡等原因未能全部到达保护对象表面时，不能达到设计所需水量，系统只能通过开启更多洒水喷头以形成更大的喷水覆盖范围实施灭火或控火，导致系统效能降低。过去的试验和经验表明，大强度喷水有利于迅速控火、灭火和缩小喷水作用面积。当系统的喷水强度大时，作用面积可以缩小；当系统的喷水强度小时，应增大作用面积，但应保证相应火灾危险等级场所控火和灭火的最小喷水强度。

（3）在确定有关自动喷水灭火系统技术标准的要求或在设计自动喷水灭火系统时，均要在试验基础上根据能实现系统的设置目标为原则确定其喷水强度和作用面积。对于现行国家标准《自动喷水灭火系统设计规范》GB 50084—2017 已有相关系统技术参数的规定，可以直接采用。例如，该标准第 5 章针对各类工业和民用建筑设置的自动喷水灭火系统，规定了不同火灾危险等级场所、不同类型自动喷水灭火系统和采用不同类型洒水喷头时的喷水强度和作用面积。

4.0.4 自动喷水灭火系统的持续喷水时间应符合下列规定：

1 用于灭火时，应大于或等于 1.0h，对于局部应用系统，应大于或等于 0.5h；

2 用于防护冷却时，应大于或等于设计所需防火冷却时间；

3 用于防火分隔时，应大于或等于防火分隔处的设计耐火时间。

【实施要点】

自动喷水灭火系统的持续喷水时间是保证系统实现控火、灭火等目标的重要参数，不同类型自动喷水灭火系统的防护目标不同，所需持续喷水时间各异。

（1）用于灭火时，对于大多数场所，自动喷水灭火系统持续喷水 1.0h 能够满足控制初期火灾的需要。其中，局部应用系统的持续喷水时间需要按照保证有效控火，等待消防救援人员到场处置火灾的时间确定，一般不小于 0.50h；特殊地区，要视消防救援力量响应时间等具体情况合理确定更长的时间。局部应用自动喷水灭火系统是由快速响应喷头、管网、供水设施、控制组件等组成，能在防护对象发生火灾时喷水的自动灭火系统。该系统结构简单、安装方便、管理维护简便，但水源一般直接取自室内生产、生活供水管路或室内消火栓系统的消防给水管网，供水可靠性较低，适用于工业与民用建筑中室内净空高度小于或等于 8m 的轻危险级或中危险 I 级场所，主要用于既有建筑改造中需要设置自动喷水灭火系统的场所，或者需要设置自动喷水灭火系统，但难以设置消防水池、消防水泵等常规自动喷水灭火系统供水设施的场所。

（2）用于防护冷却时，自动喷水灭火系统有防护冷却系统和防护冷却水幕系统两种类型。

1）防护冷却系统为闭式系统，主要适用于建筑中防火分隔处设置的非隔热型防火卷帘、非隔热型防火玻璃墙等部位的冷却保护。例如，现行国家标准《建筑设计防火规范》GB 50016—2014（2018年版）第5.3.2条规定，建筑内设置中庭且上、下层通过中庭连通区域的建筑面积叠加计算大于一个防火分区的最大允许建筑面积时，在中庭与周围连通空间之间应采取防火分隔措施。当采用耐火完整性不低于1.00h的非隔热性防火玻璃墙时，应设置自动喷水灭火系统保护；当采用防火卷帘时，防火卷帘的耐火极限不应低于3.00h，且当防火卷帘的耐火极限仅符合现行国家标准《门和卷帘的耐火试验方法》GB/T 7633有关耐火完整性的判定条件时，应设置自动喷水灭火系统保护。因此，在中庭防火分隔部位设置的防护冷却系统，当用于保护非隔热性防火玻璃墙时，持续喷水时间不应小于1.0h；当用于保护防火卷帘时，持续喷水时间不应小于3.0h。又如，现行国家标准《建筑设计防火规范》GB 50016—2014（2018年版）第5.3.6条规定，餐饮、商店等商业设施通过有顶棚的步行街连接，且步行街两侧的建筑需利用步行街疏散时，步行街两侧建筑的商铺面向步行街一侧的围护构件的耐火极限不应低于1.00h。当采用耐火完整性不低于1.00h的非隔热性防火玻璃墙（包括门、窗）时，应设置闭式自动喷水灭火系统保护。此时，防护冷却系统的持续喷水时间不应小于1.0h。

2）防护冷却水幕系统为开式系统，主要用于建筑中防火分隔处设置的非隔热型防火卷帘或在舞台口设置的防火幕的冷却保护，也可以用于防火玻璃墙、防火窗的冷却防护。例如，现行国家标准《建筑设计防火规范》GB 50016—2014（2018年版）第

8.3.6 条规定，需要防护冷却的防火卷帘或防火幕的上部宜设置水幕系统。此水幕系统就是防护冷却水幕系统。该系统的持续喷水时间应根据防火卷帘或防火幕所在防火分隔位置的耐火时间要求确定，一般不应小于 3.0h。国家现行标准《剧场建筑设计规范》JGJ 57—2016 第 8.1.2 条规定，中型剧场的特等、甲等剧场及高层民用建筑中超过 800 个座位的剧场舞台台口宜设防火幕。第 8.3.6 条规定，防火幕的上部应设置防护冷却水幕系统。该水幕的持续喷水时间一般不应小于 3.0h。

（3）用于防火分隔时，自动喷水灭火系统应采用防火分隔水幕。防火分隔水幕系统是用于替代防火墙或防火隔墙的系统，其持续喷水时间应大于或等于该系统所在防火分隔处的耐火时间要求，大多数防火隔墙的耐火时间要求不小于 1.00h 和不小于 2.00h 两种，防火墙的耐火时间要求不小于 3.00h，有的甚至要求更长。因此，防火分隔水幕的持续供水时间要根据建筑中的具体防火分隔要求确定。例如，现行国家标准《建筑设计防火规范》GB 50016—2014（2018 年版）第 8.3.6 条规定，特等、甲等剧场、超过 1 500 个座位的其他等级的剧场、超过 2 000 个座位的会堂或礼堂和高层民用建筑内座位数超过 800 个的剧场或礼堂的舞台口及上述场所内与舞台相连的侧台和后台的洞口，以及应设置防火墙等物理防火分隔而无法设置的局部开口部位，宜设置水幕系统。此系统就是防火分隔水幕系统。国家现行标准《剧场建筑设计规范》JGJ 57—2016 第 8.1.4 条规定，舞台区通向舞台区外各处的洞口均应设置甲级防火门或防火分隔水幕。这些部位均为不同防火分区之间的分隔，水幕系统的持续供水时间均不应小于 3.0h。

4.0.5 洒水喷头应符合下列规定：

1 喷头间距应满足有效喷水和使可燃物或保护对象被全部覆盖的要求；

2 喷头周围不应有遮挡或影响洒水效果的障碍物；

3 系统水力计算最不利点处喷头的工作压力应大于或

等于 0.05MPa；

　　4　腐蚀性场所和易产生粉尘、纤维等的场所内的喷头，应采取防止喷头堵塞的措施；

　　5　建筑高度大于 100m 的公共建筑，其高层主体内设置的自动喷水灭火系统应采用快速响应喷头；

　　6　局部应用系统应采用快速响应喷头。

【条文要点】

　　本条规定了洒水喷头布置的基本要求以及典型场所应当采用的喷头类型和相应的措施，以保证洒水喷头的启动性能、喷水的可靠性和对保护对象的全覆盖，提高对建筑内初起火灾的防控水平。

【实施要点】

　　洒水喷头是自动喷水灭火系统的关键组件之一，在系统中起着感知火情和喷水实施控火、灭火、隔火、冷却防护的作用。本条有关洒水喷头布置的基本原则和特定条件下的洒水喷头选型要求，对于充分发挥系统的作用关系甚大。

　　（1）洒水喷头的分类方法和类型多，当前有以下几种分类方法和类型。随着工程应用需求和技术进步，还会有新型洒水喷头出现。

　　洒水喷头根据其热敏感元件材质分利用易熔合金受热熔化而开启的易熔元件洒水喷头和利用玻璃球内充装的液体受热膨胀使玻璃球爆破而开启的玻璃球洒水喷头，同一类喷头根据其动作温度还可分为多种，如 57℃、68℃、79℃、93℃、100℃、121℃等多个品种；根据其安装位置分喷头靠墙安装且将水向一边（半个抛物线）喷洒分布的边墙型洒水喷头、下垂安装且水流向下冲向溅水盘的下垂型洒水喷头、直立安装且水流向上冲向溅水盘的直立型洒水喷头；根据其响应时间指数分快速响应洒水喷头、特殊响应洒水喷头和标准响应洒水喷头；根据其保护面积大小分标准覆盖面积洒水喷头（简称喷头）和扩大覆盖面积洒水喷头（简称 EC 喷头）。对于具有特殊构造或性能的特殊类型洒水喷头，分干式洒水喷头、齐平式洒水喷头、嵌入式洒水喷头、隐蔽式洒水喷头、带涂层洒水喷头和带防水罩洒水喷头。

尽管洒水喷头的分类方法和种类多，不同类型洒水喷头各有相应的布置和安装要求、工作压力也不同，但均需要满足本条规定的基本要求。洒水喷头的布置和安装要求、最低工作压力除应符合本条规定外，还应满足相应系统的设计要求和相关技术标准的规定，如现行国家标准《自动喷水灭火系统设计规范》GB 50084—2017 第 7 章的规定。

（2）自动喷水灭火系统依靠足够强度和覆盖面积的水量实施控火、灭火或依靠足够强度的水幕实施防火分隔或冷却防护，这些都要依靠合理布置洒水喷头实现。洒水喷头的布置应满足布水均匀、单只洒水喷头的保护面积最大化、整个保护对象全覆盖的基本要求，应避免因布置间距过小或过大而影响喷水强度，在洒水喷头的喷水方向或下部尽量避免存在影响布水的障碍物。对于难以避开的障碍物，应在设计中采用补偿措施弥补这些障碍物带来的洒水喷头布水损失。

洒水喷头的布置分平面布置和竖向布置。平面布置主要确定喷头之间的水平间距、喷头与梁或障碍物以及保护对象等的水平距离，竖向布置主要确定喷头与屋顶或顶棚、吊顶、梁、保护对象等的竖向距离，有关要求在现行相关国家标准均有详细规定。例如，现行国家标准《自动喷水灭火系统设计规范》GB 50084—2017 第 7.1.1 条规定，喷头应布置在顶板或吊顶下易于接触到火灾热气流，并有利于均匀布水的位置；当喷头附近有障碍物时，应尽量避开这些障碍物，确实无法避免的，应在这些障碍物下方增设喷头。

【示例 4-2】

根据国家标准《自动喷水灭火系统设计规范》GB 50084—2017 的规定，当在梁间及梁下布置喷头且梁高不超过 300mm 时，喷头可直接沿顶板或梁布置，梁下方的喷头还应满足溅水盘与梁底面的垂直距离，即不应小于25mm，且不应大于100mm，见图4-2。当梁高超过300mm时，喷头需布置在梁间，喷头与梁的水平距离应符合国家标准《自动喷水灭火系统设计规范》GB 50084—2017第7.2.1条的规定，此时喷头溅水盘与顶板的最大垂直距离可为550mm，见图4-3。

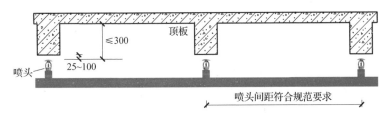

图4-2 梁下直接布置喷头的情况

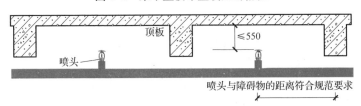

图4-3 梁间布置喷头的情况

（3）系统水力计算最不利点处喷头的工作压力应满足按照设计流量洒水和均匀布水的要求。系统最不利点处喷头的工作压力，是指在整个自动喷水灭火系统水力计算最不利点处的洒水喷头的工作压力。对于保护对象建筑面积较大的场所，自动喷水灭火系统需要设置多套报警阀组，每套报警阀组控制一个防护分区，每个防护分区管网系统中的洒水喷头均有水力计算最不利点。为确保洒水喷头能够按照设计流量正常喷水，就必须使每只洒水喷头处的工作压力均不小于其正常喷水所需最小工作压力。根据试验，系统的水力计算应保证这些最不利点处喷头的工作压力值应等于或大于0.05MPa。这是一个基本要求。不同类型的自动喷水灭火系统、不同类型的洒水喷头和不同安装高度的洒水喷头，在系统最不利点处的洒水喷头满足其布水要求的最小工作压力有所差异，需要进一步根据相关技术标准的规定和产品要求或试验结果确定。

（4）洒水喷头的防护要求是保证自动喷水灭火系统正常喷水和发挥作用的关键要求之一，该要求是本规范第2.0.3条规定的具体体现。设置在不同场所的喷头的具体防护措施和方法，可以根据喷头的结构和材质、喷孔大小、安装方式、设置场所的实际环境条件等确定，但必须确保洒水喷头能长期正常工作，在系统启动后，喷头能及时开放喷水，不影响喷水流量和布水面积。

（5）快速响应喷头的响应时间指数（RTI）小于或等于50（m·s）$^{0.5}$，具有响应时间快、动作灵敏且适用范围广等特点。使用此类洒水喷头的自动喷水灭火系统可在火灾规模较小时发挥灭火作用，减少火灾和水渍损失，提高灭火效能。当前，我国消防救援能力还不能很好地及时应对超高层建筑的火灾，特别是建筑高度大于100m的建筑。对于此类建筑，主要通过加强其内部防火、控火设防标准，提高其自防自救能力来实现，要求这些建筑设置的自动喷水灭火系统采用快速响应喷头，以充分发挥此类喷头快速控火的性能，为外部消防救援创造有利条件。但是，无论是超高层建筑还是其他建筑或场所，采用快速响应喷头都是为了尽早启动灭火系统，提高系统的控火、灭火效果，而不是为了增大喷头的间距、减少喷头设置数量。快速响应喷头的布置要求与标准响应喷头的要求相同。

（6）局部应用系统应采用快速响应喷头。对于局部应用系统，虽然系统的配置和组成与常规自动喷水灭火系统相比有所简化，但体现灭火能力的喷水强度并未降低。局部应用系统主要用于火灾危险等级为轻危险级和中危险Ⅰ级的小型民用场所，可能的火灾规模较小或初起火灾发展较快，系统采用快速响应喷头能更好地实现其扑救初起火灾的目标。

4.0.6 每个报警阀组控制的供水管网水力计算最不利点洒水喷头处应设置末端试水装置，其他防火分区、楼层均应设置 *DN25* 的试水阀。末端试水装置应具有压力显示功能，并应设置相应的排水设施。

【条文要点】

本条规定了自动喷水灭火系统末端试水装置和试水阀的设置要求，包括末端试水装置和试水阀的设置位置、功能要求以及现场应具备的条件。

【实施要点】

（1）末端试水装置由压力表、控制阀和试水接头等组成，主要用于检验系统的可靠性，测试系统能否在开放一只喷头的最不利条件下可靠报警并正常启动，平时控制阀处于关闭状态，试水时打开控制阀，系统中的水从出水口流出后排入排水管道。试水接头出水口的流量系数与洒水喷头的流量系数相同，可以模拟系统开发 1 只喷头喷水的情况，从压力表上读出相应的压力值便可计算出试水接头出水口的流量。

（2）末端试水装置是自动喷水灭火系统检测、调试和监督检查的重要组件，起着检验系统的工作状态、测试干式系统和预作用系统的充水时间等作用。末端试水装置测试的内容包括水流指示器、报警阀、压力开关、水力警铃的动作是否正常，配水管道是否畅通，最不利点处的喷头工作压力等。无论是湿式系统，还是干式系统或预作用系统，均应在系统的水力最不利点喷头处设置末端试水装置。对于局部应用系统，其供水主要由生产或生活用水系统保障，可以在系统配置和组成上相对简化，不要求配置末端试水装置。但对于与常规自动喷水灭火系统构成一样成套设置的局部应用系统，同样需要设置末端试水装置。末端试水装置布置示意参见图 4-4。

（3）末端试水装置是方便检查、测试和监测自动喷水灭火系统工作状态的主要测试装置。每个防护分区的末端试水装置均应

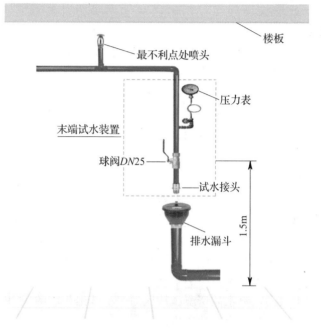

楼板

最不利点处喷头

压力表

末端试水装置

球阀*DN*25

试水接头

排水漏斗

1.5m

图4-4　末端试水装置布置示意图

与服务该分区的报警阀组一一对应，即每套报警阀组控制的管网均应设置末端试水装置，末端试水装置应设置在每套报警阀组控制的系统水力计算最不利点的洒水喷头处。末端试水装置应具有直观观察压力的显示装置或功能（如压力表或压力自动监测传感装置），末端试水装置控制阀的位置应便于操作，压力显示装置应便于观察和维护。例如，现行国家标准《自动喷水灭火系统设计规范》GB 50084—2017 第6.5.2条规定，末端试水装置和试水阀应有标识，距地面的高度宜为1.5m，并应采取不被他用的措施。末端试水装置应尽可能增强其信息化管理功能，使其具备远程压力监测和显示的功能。

（4）试水阀只用于测试该阀所在防护分区（一般为对应的防火分区或楼层）的配水管道内是否有水，不要求必须设置在每个防火分区、楼层的系统水力最不利点处，但应设置在末端配水支管上，参见图4-5。

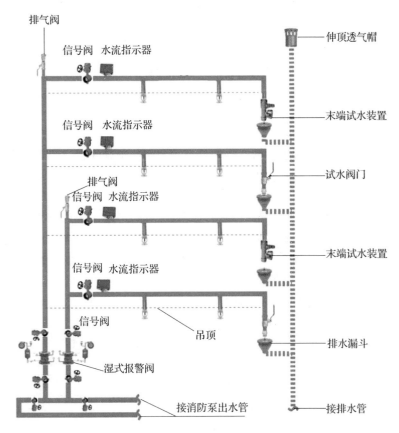

图4-5 末端试水装置和试水阀设置示意图

4.0.7 自动喷水灭火系统环状供水管网及报警阀进出口采用的控制阀，应为信号阀或具有确保阀位处于常开状态的措施。

【条文要点】

本条规定了在自动喷水灭火系统供水管网上和在报警阀进出口处设置的控制阀应具有保证阀门处于开启状态的措施或功能，

避免影响系统管网供水的可靠性。

【实施要点】

（1）自动喷水灭火系统供水管网上的控制阀，既是管网检修时的关断阀，又是系统供水的控制阀，自动喷水灭火系统灭火失败的案例中有很大一部分原因是系统供水得不到保障所致。在自动喷水灭火系统中采用既无信号又无锁具的普通闸阀，容易在系统调试或检测后忘记开启，或难以判断阀门的位置是否正确而造成系统供水中断。为防止出现类似情况，设置在自动喷水灭火系统供水和配水管网上的控制阀，强制要求采用信号阀或具有确保阀位处于常开状态的措施，如具有锁定阀位锁具的阀门、明杆闸阀、具有阀位状态在线监控和信号反馈功能等。

（2）报警阀组入口前应设置信号阀、明杆闸阀等具有防止被关断措施的控制阀，出口处是否设置信号阀可以根据系统类型确定。对于干式系统和预作用系统，配水管道内一般充有压力气体，应在报警阀的出口处设置信号阀等控制阀，以监测管网内的气压；对于湿式系统，报警阀后管网内充满了具有一定压力的水，而雨淋系统和水幕系统的报警阀后为空管，根据系统的使用功能，这几类自动喷水灭火系统的报警阀后可以不设置信号阀等控制阀，但为满足系统在投入运行后方便检修、清洗及维护，报警阀的出口处要尽量设置信号阀等控制阀。同样，如果在报警阀出口后的配水管网上还设置了其他控制阀门（如水流指示器入口前的阀门），这些控制阀也应采用信号阀或具有防止阀门被关断的措施。

（3）在自动喷水灭火系统供水管网上设置控制阀，主要为方便检修、测试系统状态。具有2个及以上防护分区的系统应采用环状供水管网，并应在合适位置设置相应的控制阀门，确保当其中部分管网需要检修而关闭控制阀时，不会影响系统的正常供水；采用枝状供水管网的系统是只有1个湿式报警阀的系统，尽管保护面积小，但也要确保系统供水的可靠性。当枝状管网检修关闭控制阀时，应采取相应的消防安全保障措施，如加强火情巡查和火源管理等。

5 泡沫灭火系统

5.0.1 泡沫灭火系统的工作压力、泡沫混合液的供给强度和连续供给时间，应满足有效灭火或控火的要求。

【条文要点】

本条规定了泡沫灭火系统的功能和关键技术参数要求。

【实施要点】

（1）泡沫灭火系统主要由泡沫消防水泵、泡沫液泵、泡沫比例混合器（装置）、泡沫产生装置（泡沫产生器或喷头）、控制阀及管道等组成，根据泡沫的发泡倍数分低倍数、中倍数和高倍数泡沫灭火系统，储罐区低倍数泡沫灭火系统示意图参见图 5-1。其中，低倍数泡沫灭火系统有泡沫 - 水喷淋系统、泡沫炮系统、泡沫枪系统和泡沫喷雾系统及应用于储罐的固定式或半固定式泡沫灭火系统等，中倍数和高倍数泡沫灭火系统又可分为全淹没、局部应用和移动式泡沫灭火系统。

泡沫灭火系统主要用于扑救可燃液体火灾，广泛应用于石油化工企业、石油库、石油天然气站场、可燃液体仓库、飞机库等场所，也可以用于可燃固体火灾场所或兼有可燃固体和可燃液体火灾的场所，如可燃固体仓库和可燃液体仓库、汽车库等。对于大部分应用场所，设置泡沫灭火系统的主要目的是灭火，对于难以有效灭火的场所（如采用高倍数泡沫灭火系统保护的液化天然气集液池等场所），系统的设置主要用于控火。

（2）在建设工程中设置的泡沫灭火系统，不仅应保证系统的设备、阀门、喷头、管道、管道连接件等组件及泡沫液的性能符合国家有关产品标准和系统技术标准（如现行国家标准《泡沫灭火系统及部件通用技术条件》GB 20031、《消防泵》GB 6245、《泡沫灭火剂》GB 15308）的规定，而且要在系统设计和运行期间

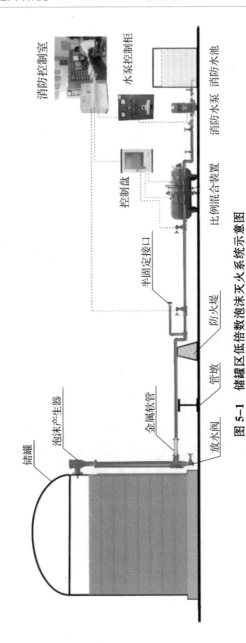

图 5-1　储罐区低倍数泡沫灭火系统示意图

确保各组件协调工作，使系统能够正常发挥作用。

1）泡沫灭火系统依靠泡沫在可燃液体或可燃固体表面形成一定厚度的泡沫覆盖层，通过隔绝氧气使燃烧逐渐终止实现灭火、控火。此外，因泡沫析出的液体基本为水，灭火过程同时伴有吸热冷却作用和受热汽化的水蒸气稀释氧的作用。在灭火过程中，泡沫覆盖层会不断被高温烟气和火焰破坏，需要保持足够喷放强度和覆盖时间使燃烧速率和温度逐步降下来才能最终灭火。

2）不同发泡倍数泡沫的灭火方式有所不同。以扑救可燃液体火灾为例，低倍数泡沫主要通过泡沫的遮盖作用将可液体与空气隔离实现灭火；高倍数泡沫主要通过密集状态的高倍数泡沫充填并封闭着火区域，阻断新鲜空气流入参与燃烧，实现窒息灭火；中倍数泡沫取决于其发泡倍数和使用方式，当以较低倍数用于扑救可燃液体火灾时，其灭火方式与低倍数泡沫的灭火方式相同，当以较高倍数用于全淹没方式灭火时，其灭火方式与高倍数泡沫的灭火方式相同。因此，在泡沫灭火系统的技术参数中，系统的工作压力、泡沫混合液的供给强度和连续供给时间是保证系统有效发挥作用的关键技术参数。

3）不同类型泡沫灭火系统的关键技术参数有所区别。例如，对于保护可燃液体储罐的低倍数泡沫灭火系统，系统的关键技术参数为储罐的保护面积、泡沫混合液的供给强度和连续供给时间、系统的响应时间等；对于不同类型的储罐，以上参数又有不同的要求，如对于固定式泡沫灭火系统，固定顶储罐的保护面积为储罐的横截面积，外浮顶储罐的保护面积为泡沫堰板和罐壁之间的环形面积等。对于全淹没高倍数泡沫灭火系统，其关键技术参数为泡沫淹没深度、泡沫淹没体积、泡沫淹没时间、最小泡沫供给速率、泡沫供给时间等。在实际工程应用中，这些参数应综合考虑所选泡沫灭火系统的类型、系统的灭火或控火方式、泡沫混合液的类型和防护对象等因素确定，通常应通过试验确定。有关系统技术参数的具体要求，现行国家标准《泡沫灭火系统技术标准》GB 50151—2021有较详细的规定。

（3）系统的关键组件（如泡沫产生器、泡沫比例混合装置等）都有各自的工作压力要求，只有工作压力满足要求，各组件才能正常工作（比如，泡沫产生器产生符合要求发泡倍数的泡沫，泡沫比例混合装置将水与泡沫液混合形成设定比例的泡沫混合液），使系统按设计要求发挥作用。有关压力要求，现行国家标准《泡沫灭火系统技术标准》GB 50151—2021有较详细的规定。例如，该标准规定低倍数泡沫产生器进口的工作压力应在其公称工作压力±0.1MPa的范围内，只有在此工作压力范围内工作，才能保证泡沫产生器产生满足灭火要求的泡沫。

在实际工程中，要注意：

1）系统中设备、管道和阀门等组件的公称压力应大于泡沫灭火系统的设计工作压力。同时，泡沫灭火系统的设计工作压力要满足系统各关键设备的工作压力要求。

2）为了使水力最不利点处的泡沫产生装置的工作压力满足要求，系统设计时就要从该位置开始进行水力计算，确保系统的设计工作压力满足最不利点泡沫产生装置的要求。

3）水力最有利点处的泡沫产生装置的工作压力，在实际运行时可能会超过规定的工作压力上限，此时就要对该处的泡沫产生装置采取减压措施，使其工作压力满足标准要求。

5.0.2 保护场所中所用泡沫液应与灭火系统的类型、扑救的可燃物性质、供水水质等相适应，并应符合下列规定：

1 用于扑救非水溶性可燃液体储罐火灾的固定式低倍数泡沫灭火系统，应使用氟蛋白或水成膜泡沫液；

2 用于扑救水溶性和对普通泡沫有破坏作用的可燃液体火灾的低倍数泡沫灭火系统，应使用抗溶水成膜、抗溶氟蛋白或低黏度抗溶氟蛋白泡沫液；

3 采用非吸气型喷射装置扑救非水溶性可燃液体火灾

的泡沫－水喷淋系统、泡沫枪系统、泡沫炮系统，应使用 3% 型水成膜泡沫液；

4 当采用海水作为系统水源时，应使用适用于海水的泡沫液。

【条文要点】

本条是泡沫液选择的基本要求。根据具体情况选择适宜的泡沫液是保证泡沫灭火系统有效的根本要求。

【实施要点】

（1）正确选择泡沫液才能保证系统正常发挥作用。选择泡沫液应考虑的主要因素为泡沫灭火系统的类型、保护对象的物质特性（如水溶性可燃液体、非水溶性可燃液体等）和火灾特性（如全液面火、密封圈的环形火、仓库的立体火、汽车库的点源火等）、系统所用水源（天然淡水水源、市政管网供水、海水等）情况。本条第 1 款~第 3 款是低倍数泡沫液的选择要求，第 4 款针对所有类型的泡沫液。有关泡沫液选型的详细要求，可以根据现行国家标准《泡沫灭火系统技术标准》GB 50151 的规定确定。

（2）用于扑救非水溶性可燃液体储罐火灾的低倍数泡沫灭火系统，要求选用氟蛋白或水成膜泡沫液。此处的"非水溶性可燃液体"指烃类液体，即仅含碳氢元素的液体。对于非水溶性可燃液体，要求选择普通泡沫，但并不表示抗溶泡沫液不能扑救水溶性可燃液体火灾，而是与普通泡沫相比，抗溶泡沫液价格高、储存期限较短、日常维护不便，在工程中一般不采用。

对于同时存在水溶性可燃液体和非水溶性可燃液体的储罐区，在储罐规模（罐高和罐容）不大的情况下，可以选用抗溶泡沫液，采用一套固定式低倍数泡沫灭火系统同时保护这两类可燃液体储罐。例如，现行国家标准《泡沫灭火系统技术标准》GB 50151—2021 第 3.2.4 条规定，当保护场所同时存储水溶性液体和非水溶性液体且储罐区储罐的单罐容量均不大于 10 000m³

时，可选用抗溶水成膜、抗溶氟蛋白或低黏度抗溶氟蛋白泡沫液；当保护场所采用泡沫－水喷淋系统时，应选用抗溶水成膜、抗溶氟蛋白泡沫液。

需要注意的是：

1）用于扑救非水溶性可燃液体储罐火灾的低倍数泡沫灭火系统，要求选用氟蛋白或水成膜泡沫液，只针对固定式低倍数泡沫灭火系统。

2）用于扑救非水溶性可燃液体储罐火灾的半固定式系统，一般使用消防车通过半固定接口供给泡沫混合液实施灭火。消防上泡沫液的配置，需要根据火场所在工厂、储罐区的消防装备配置情况统筹确定。该类型系统的泡沫液选择可以根据实际情况确定，既可以采用氟蛋白或水成膜泡沫液，也可以采用抗溶泡沫液。

3）用于扑救非水溶性可燃液体储罐的移动式系统，如泡沫枪和泡沫炮系统，泡沫液的选择需要根据泡沫枪和泡沫炮的类型确定，见本条第 3 款的规定。

（3）用于扑救水溶性可燃液体和其他对普通泡沫有破坏作用的可燃液体火灾的泡沫灭火系统，要求选用抗溶泡沫液。此处的"水溶性可燃液体"指除烃类液体外的可燃液体，一般为烃的衍生物，常见的是含有氧、氮等元素的烃类衍生物，如醇、醛、酸、酮、脂、醚、胺、腈等类液体。这类液体分子中含有亲水基团，对普通泡沫有脱水作用，可使泡沫破裂而失去灭火功效。需要注意的是，该类液体无论溶解度高低，均应选用抗溶泡沫液。

目前，除水溶性可燃液体外，其他对普通泡沫有破坏作用的甲、乙、丙类液体主要为添加醇、醚等添加剂超过 10% 的汽油。该类液体使用普通泡沫液难以灭火，需要采用抗溶泡沫。水溶性可燃液体种类多、理化性能各异，对泡沫的破坏性也不同。扑救水溶性可燃液体火灾所需泡沫混合液供给强度不同，有的差异较大；不同抗溶泡沫的灭火性能也各异，对同一种可燃液体，不同种类的泡沫液可能表现出较大的灭火性能差异。因此，除相关技术标准有明确规定外，扑救水溶性可燃液体火灾所需泡沫混合液的供给强度和连续供给时间需经试验确定。现行国家标准《泡沫灭火系统技术标准》GB 50151—2021 第 4.2.2 条针对不同种类液体和泡沫液，规定了部分水溶性可燃液体火灾所需泡沫混合液供给强度和连续供给时间，在应用中可供选择。

（4）采用非吸气型喷射装置保护非水溶性可燃液体的泡沫灭火系统，要求选用水成膜泡沫液。水成膜泡沫施加到密度不低于环己烷的烃类可燃液体表面时，其泡沫析出液能在可燃液体表面产生一层防护膜。泡沫的灭火效能不仅与泡沫性能有关，还依赖于它的成膜性及防护膜的坚韧性和牢固性。非吸气型喷射装置的发泡倍数较低，灭火需依赖于水成膜泡沫的防护膜。

（5）泡沫灭火系统采用海水作为水源时，要求使用适用于海水的泡沫液，以保证泡沫有效发挥灭火作用。泡沫液按适用水源的不同，分为适用淡水型泡沫液和适用海水型泡沫液。通常，适用于海水的泡沫液既适用于淡水又适用于海水，不适用于海水的泡沫液使用海水产生的泡沫稳定性很差，基本不具备灭火能力。

5.0.3 储罐的低倍数泡沫灭火系统类型应符合下列规定：

1　对于水溶性可燃液体和对普通泡沫有破坏作用的可燃液体固定顶储罐，应为液上喷射系统；

2　对于外浮顶和内浮顶储罐，应为液上喷射系统；

3　对于非水溶性可燃液体的外浮顶储罐和内浮顶储罐、直径大于 18m 的非水溶性可燃液体固定顶储罐、水溶性可燃液体立式储罐，当设置泡沫炮时，泡沫炮应为辅助灭火设施；

4　对于高度大于 7m 或直径大于 9m 的固定顶储罐，当设置泡沫枪时，泡沫枪应为辅助灭火设施。

【条文要点】

本条根据储罐类型、储存的可燃液体特性、储罐大小等影响低倍数泡沫灭火系统灭火有效性的主要因素，规定了低倍数泡沫灭火系统用于保护可燃液体储罐时的基本选型要求，以确保实现系统的防护目标。

【实施要点】

（1）液上喷射系统是将泡沫从可燃液体的液面上喷入被保护储罐内的灭火系统。液下喷射系统是将泡沫从可燃液体的液面下喷入被保护储罐内的灭火系统。泡沫混合液的大部分是水，当储罐采用液下喷射系统保护时，喷入储罐内的泡沫在通过可燃液体内部时，会被破坏或溶解而失去灭火作用。因此，对于水溶性可燃液体和对普通泡沫有破坏作用的可燃液体的固定顶储罐，应采用液上喷射系统，不应采用液下喷射系统保护。

（2）外浮顶和内浮顶储罐由于储罐内的浮盘会阻碍泡沫的正常分布，使泡沫无法全部输送到所需区域，难以实现泡沫对保护区域的全覆盖而致系统灭火失败。因此，外浮顶和内浮顶储罐应采用液上喷射系统，不应采用液下喷射系统保护。

（3）对于外浮顶储罐和内浮顶储罐，发生火灾的区域主要为浮盘与罐壁之间的环形密封区，泡沫炮难以将泡沫施加到该区域。对于直径大于18m的固定顶储罐，储罐发生火灾后绝大多数情形下是在罐顶被撕开一条口子，泡沫炮难以将泡沫施加到储罐内。对于水溶性甲、乙、丙类液体储罐，当泡沫炮以高强度喷射泡沫时，喷出的泡沫可能会潜入可燃液体内，导致泡沫所含水因溶入可燃液体而脱水被破坏，不能发挥其灭火作用。因此，以上类型的储罐均不适合采用泡沫炮作为主要灭火手段。

在实际工程中，一般采用固定式或半固定式泡沫灭火系统保护上述类型的储罐。具体设置范围，国家标准《建筑设计防火规范》GB 50016—2014（2018年版）、《石油化工企业设计防火标准》GB 50160—2008（2018年版）、《石油库设计规范》

GB 50074—2014 等标准均有具体规定。例如,《建筑设计防火规范》GB 50016—2014(2018 年版)第 8.3.10 条规定,单罐容量大于 1 000m³ 的甲、乙、丙类液体固定顶罐应设置固定式泡沫灭火系统,罐壁高度小于 7m 或容量不大于 200m³ 的甲、乙、丙类液体储罐可采用移动式泡沫灭火系统,其他甲、乙、丙类液体储罐宜采用半固定式泡沫灭火系统。《石油库设计规范》GB 50074—2014 第 12.1.3 条规定,地上固定顶储罐、内浮顶储罐和地上卧式储罐应设置低倍数泡沫灭火系统或中倍数泡沫灭火系统;外浮顶储罐、储存甲B、乙和丙A类油品的覆土立式油罐,应设置低倍数泡沫灭火系统。其中,容量大于 500m³ 的水溶性可燃液体地上立式储罐和容量大于 1 000m³ 的其他甲B、乙、丙A类易燃、可燃液体地上立式储罐,应采用固定式泡沫灭火系统;容量小于或等于 500m³ 的水溶性可燃液体地上立式储罐和容量小于或等于 1 000m³ 的其他易燃、可燃液体地上立式储罐,可采用半固定式泡沫灭火系统;地上卧式储罐、覆土式油罐、丙$_B$类液体立式储罐和容量不大于 200m³ 的地上储罐,可采用移动式泡沫灭火系统。

需要注意的是,本条规定泡沫炮不应用作储罐的主要灭火设施,是基于外浮顶储罐的密封圈火灾,以密封圈处的火灾为设防目标确定的。如果外浮顶储罐的密封圈发生火灾,采用泡沫炮不仅难以将泡沫施加到密封圈处,而且有击沉浮盘的危险。但是,当为提高储罐的防火设防标准,在密封圈火灾的基础上又考虑了全液面火灾时,大流量泡沫炮则可以作为全液面火灾的主要灭火设施。

(4)对于罐体高度大于 7m 或直径大于 9m 的储罐,灭火人员难以通过操作泡沫枪实施有效灭火,不应将泡沫枪作为主要灭火设施。这些类型的储罐应按照现行国家标准《建筑设计防火规范》GB 50016 等标准的规定确定是采用固定式还是半固定式泡沫灭火系统保护,并根据本条第 1 款和第 2 款的规定选型;泡沫枪可以辅助用于扑救储罐中泄漏出来的流散可燃液体火灾。

5.0.4 储罐或储罐区低倍数泡沫灭火系统扑救一次火灾的泡沫混合液设计用量，应大于或等于罐内用量、该罐辅助泡沫枪用量、管道剩余量三者之和最大的一个储罐所需泡沫混合液用量。

【条文要点】

本条规定是计算保护储罐的泡沫灭火系统泡沫混合液用量的基本要求。

【实施要点】

（1）对于仅用于保护一个储罐的泡沫灭火系统，泡沫混合液用量应按照储罐内的灭火用泡沫混合液量、辅助灭火用的泡沫枪或泡沫炮的泡沫混合液量、管道沿程的泡沫混合液剩余量之和计算。对于存在多个储罐或罐组的储罐区，当采用同一个泡沫站的泡沫灭火系统通过分区控制阀及相应的管道系统保护储罐区内的各个储罐时，该系统的泡沫混合液用量要按该罐区内泡沫混合液用量最大的储罐所需用量计算。

有关泡沫混合液的供给强度应经水力计算确定，泡沫液的型号、泡沫混合液的持续供给时间等参数应根据防护的可燃液体类型、环保要求等经试验后确定。现行国家标准《泡沫灭火系统技术标准》GB 50151—2021 对此有所规定，可作工程设计参考。例如，该标准第 3.2.1 条规定非水溶性甲、乙、丙类液体储罐固定式低倍数泡沫灭火系统，应选用 3% 型氟蛋白或水成膜泡沫液；当临近生态保护红线、饮用水源地、永久基本农田等环境敏感地区时，应选用不含强酸强碱盐的 3% 型氟蛋白泡沫液；当选用水成膜泡沫液时，泡沫液的抗烧水平不应低于 C 级（抗烧水平分级，详见国家标准《泡沫灭火剂》GB 15308—2006 第 4.2 节）。第 3.2.2 条规定保护非水溶性可燃液体的泡沫－水喷淋系统、泡沫枪系统、泡沫炮系统，当采用非吸气型喷射装置时，应选用 3% 型水成膜泡沫液；当采用吸气型泡沫产生装置时，可选用 3% 型氟蛋白、水成膜泡沫液。第 4.1.4 条规定，当已知泡沫比例混合装置的混合比时，可按实际混合比计算泡沫液用量；当未知泡沫比例混合装置的混合比时，3% 型泡沫液应按混合比 3.9% 计算泡沫液用量，6% 型泡沫液应按混合比 7% 计算泡沫液用量。第4.1.5 条规定，设置固定式系统的储罐区应配置用于扑救液体流散火灾的辅助泡沫枪，每支辅助泡沫枪的泡沫混合液流量不应小 240L/min。第 8.1.6 条规定，系统泡沫混合液与水的设计流量应有不小于 5% 的裕度。

（2）保护储罐的泡沫灭火系统，泡沫混合液用量一般按扑救 1 次火灾所需用量计算确定。对于储罐数量较多的储罐区或重要的储罐区，可以根据实际情况提高设防标准，并设置泡沫液备用量或者储存更多的泡沫液和消防用水。

（3）执行本条时需注意以下情形：

1）对于设置多个储罐大小或类型不同、储存的可燃液体类别多的储罐区，泡沫混合液用量最大的储罐不一定是直径最大或容积最大的储罐。

2）对于同时存在固定顶储罐、内浮顶储罐和外浮顶储罐的储罐区，或同时存在水溶性可燃液体储罐和非水溶性可燃液体储罐的储罐区，不同类型或大小的储罐、不同类别可燃液体的储罐，保护面积、泡沫混合液的供给强度和连续供给时间等参数并不相同，需要在分别计算储罐区内每个储罐的泡沫混合液用量后，按照其中用量最大的储罐所需用量确定该储罐区泡沫灭火系统的泡沫混合液用量。

3）在计算储罐内的泡沫混合液用量时，要注意采用实际供给强度计算，实际供给强度与所选用泡沫产生装置的型号、工作压力有关。例如，现行国家标准《泡沫灭火系统技术标准》GB 50151—2021 第 4.2.2 条规定了采用低倍数泡沫灭火系统保护储罐时所需最小泡沫混合液用量，但不能直接采用这些规定值计算系统所需泡沫混合液的用量，而要采用实际所需供给强度计算。该标准第 4.2.2 条规定，非水溶性可燃液体储罐液下喷射系统的泡沫混合液供给强度不应小于 6.0L/（min·m²）、连续供给时间不应小于 60min；非水溶性可燃液体储罐液上喷射系统的泡沫混合液供给强度和连续供给时间不应小于表 5-1 的规定。又如，对于一个容积为 2 000m³ 的固定顶储罐，按照国家标准《泡沫灭火系统技术标准》GB 50151—2021 要求，固定顶储罐的保护面积为储罐的横截面积，该固定顶储罐的直径为 15.78m，保护面积应为 195.48m²。根据表 5-1，该储罐需要的最低供给强度为 6.0L/（min·m²），最低计算流量应为 19.55L/s。根据该标准规定，当储罐直径大于 10m 但不大于 25m 时，至少需要设置 2 个泡沫产生器。若选用 3 个公称流量为 8L/s 的立式泡沫产生器，则该储罐在额定工作状态下的流量为 24L/s，此时供给强度应为 7.37L/（min·m²）。可见，若按该标准的规定值直接计算确定所需泡沫液储量，可能会因为实际供给强度大而出现连续供给时间不能满足标准要求的情况。

表 5-1　泡沫混合液供给强度和连续供给时间

系统形式	泡沫液种类	供给强度 / [L/(min·m²)]	连续供给时间 /min		
			甲类液体	乙类液体	丙类液体
固定式、半固定式系统	氟蛋白、水成膜	6.0	60	45	30
移动式系统	氟蛋白	8.0	60	60	45
	水成膜	6.5	60	60	45

5.0.5　固定顶储罐的低倍数液上喷射泡沫灭火系统，每个泡沫产生器应设置独立的泡沫混合液管道引至防火堤外，除立管外，其他泡沫混合液管道不应设置在罐壁上。

【条文要点】

本条是保障固定顶储罐液上喷射系统管道布置可靠性和安全

性的要求，以使每个泡沫产生器均能单独接受泡沫混合液并产生泡沫，确保泡沫产生器和泡沫混合液供给管道在储罐发生火灾时不会因储罐变形等原因而被破坏。

【实施要点】

（1）固定顶储罐液位以上全部为气相空间。与外浮顶储罐和内浮顶储罐相比，固定顶储罐发生爆炸和火灾的概率大，爆炸强度也较大，直径小的储罐可能会把罐顶全部掀开，直径大的储罐一般会把罐顶撕开一个口子。这些都会对直接设置在储罐上的泡沫灭火系统的部件和管道产生较大影响。

在设计和安装泡沫灭火系统时，要采取将泡沫产生器与泡沫混合液供给管道直接连接，并在储罐罐体外并联到系统的干管上等措施，避免因储罐破坏导致整个系统不能正常工作的情形。储罐上的每个泡沫产生器采用独立的泡沫混合液输送支管连接到位于防火堤外的系统干管，能够有效避免发生此种情形，即使个别泡沫混合液输送支管或泡沫产生器被破坏，也不致影响其他管道和泡沫产生器的正常使用，而其中某个泡沫产生器或某根泡沫混合液供给管道被破坏后，可以通过关闭设置在防火堤外的控制阀停止向该泡沫产生器输送泡沫混合液，避免泡沫混合液流失。

（2）储罐上的泡沫产生器必须采用单独的管道连接，并直接通至防火堤外的系统干管上，不应将干管设置在防火堤内，更不应为了防火堤内的整齐，将本应在地面分配的泡沫混合液支管集中布置到储罐上后再分配到各个泡沫产生器。需要在储罐壁上安装的支管，应先沿地面敷设至泡沫产生器对应的位置，再用立管直接连接至泡沫产生器。

（3）本条规定只针对储罐的液上喷射系统。对于液下喷射系统，因系统位于储罐下部，受储罐变形等的影响小，故有关泡沫产生器和泡沫混合液输送支管的布置不做强制要求。

5.0.6 储罐或储罐区固定式低倍数泡沫灭火系统，自泡沫消防水泵启动至泡沫混合液或泡沫输送到保护对象的时间应小于或等于 5min。当储罐或储罐区设置泡沫站时，泡沫站应符合下列规定：

　　1　室内泡沫站的耐火等级不应低于二级；

　　2　泡沫站严禁设置在防火堤、围堰、泡沫灭火系统保护区或其他火灾及爆炸危险区域内；

　　3　靠近防火堤设置的泡沫站应具备远程控制功能，与可燃液体储罐罐壁的水平距离应大于或等于 20m。

【条文要点】

　　本条规定了保护储罐的低倍数泡沫灭火系统的响应时间和泡沫站的基本要求，以提高系统灭火的有效性，保证系统核心设施在火灾时的安全及泡沫站操作人员的安全。

【实施要点】

　　（1）泡沫灭火系统将泡沫混合液或泡沫输送到保护对象的时间，是保证系统及时产生并施放泡沫、提高灭火效能的重要参数，该时间包括泡沫消防水泵的启泵时间、泡沫混合液泡沫在管道内的输送时间和泡沫产生器产生泡沫的时间。泡沫消防水泵的启泵时间应为泡沫消防水泵一次启泵成功的时间。

　　（2）泡沫站是不含泡沫消防水泵，仅设置泡沫比例混合装置、泡沫液储罐等设备的场所，泡沫消防泵站是设置泡沫消防水泵的场所。在正常运行情况下，泡沫灭火系统的比例混合装置与泡沫产生器之间的管道为空管，如果泡沫消防泵站距离所保护储罐较远，会增加泡沫混合液的输送时间。在实际工程中，应保证系统从泡沫消防泵站将泡沫混合液或泡沫输送到保护对象的时间不应大于 5min。当不能满足此时间要求时，要在泡沫消防泵站与泡沫产生器之间的管道系统中增设泡沫站。这样，在泡沫消防泵站与泡沫站之间的管道内平时充满水，火灾时可有效缩短泡沫混合液的输送时间。

　　（3）泡沫站是泡沫灭火系统的核心组成之一，必须保证其消防安全。泡沫消防泵站和泡沫站均应设置在距离所保护储罐较近的安全位置，不应设置在防火堤或围堰内，也不应设置在可能受到火灾作用的位置，以确保泡沫站和消防泵站的安全。泡沫站与所保护储罐罐壁及其他可燃液体储罐罐壁的最近水平距离均应大于或等于20m。此外，根据国家标准《建筑防火通用规范》的规定，泡沫消防泵站和泡沫站的重要性均与消防水泵房相同，其耐火等级均不应低于二级。

（4）在实际工程中，当一个储罐区内的各个储罐均采用同一套泡沫灭火系统保护时，可以根据储罐区的规模大小设置一个或多个泡沫站，一个泡沫站对应一个或多个储罐。

（5）可燃液体储罐火灾具有较强的热辐射作用。泡沫站为满足泡沫混合液的输送时间，需要靠近储罐设置在防火堤外；在储罐发生火灾后，人员往往难以靠近，应使泡沫站内的设备具有远程控制的功能，以便人员能够在远程安全地控制系统。

5.0.7 设置中倍数或高倍数全淹没泡沫灭火系统的防护区应符合下列规定：

1 应为封闭或具有固定围挡的区域，泡沫的围挡应具有在设计灭火时间内阻止泡沫流失的性能；

2 在系统的泡沫液量中应补偿围挡上不能封闭的开口所产生的泡沫损失；

3 利用外部空气发泡的封闭防护区应设置排气口，排气口的位置应能防止燃烧产物或其他有害气体回流到泡沫产生器进气口。

【条文要点】

本条是对中倍数或高倍数全淹没泡沫灭火系统防护区的基本要求，以保持泡沫的淹没深度或体积和淹没时间，保证系统能够有效灭火或控火。

【实施要点】

（1）防护区的围护结构或泡沫的围挡在系统设计灭火时间内应具备围挡泡沫，防止泡沫流失的性能。全淹没泡沫灭火系统是由固定式泡沫产生器直接或通过导泡筒将泡沫喷放到封闭或被围挡的防护区（即采用全淹没泡沫灭火系统保护的区域）内，并在规定的时间内达到一定泡沫淹没深度的灭火系统，是中倍数或高倍数灭火系统的一种类型。全淹没泡沫灭火系统灭火需要防护区是一个相对封闭或有围挡的空间，其中的通风设施和开口，一般应具有与泡沫灭火系统联动停止运行和关闭的功能。

为防止泡沫的围挡或围护结构被火烧蚀，应采用具有一定耐火性能的不燃性材料或结构，具体采用何种形式的围挡，可视具体工程而定，但均要能够防止围挡被烧坏，能够阻止泡沫从围挡的开口流失。例如，对于一些可燃固体仓库等场所，若在火焰直接作用不到的位置采用网孔基本尺寸不大于 3.15mm 的钢丝网作围挡，基本可以阻止泡沫流失。

（2）对于防护区内不能自动关闭或完全封闭的较大开口（如一些工艺开口等），当会导致泡沫流失时，要在系统的泡沫混合液用量中补偿这些开口可能产生的泡沫流失量，并增加泡沫混合液的供给强度或加大其供给速率。

（3）当前，中倍数或高倍数泡沫产生器主要利用吸入外部空气发泡。在中、高倍数泡沫灭火系统向防护区内施放泡沫的过程中，会造成防护区内气压升高，导致泡沫产生器无法正常发泡，要在防护区的封闭围护结构上设置必要的开口排气，以保持其内部压力平衡。

排气口的结构形式可视防护区的具体情况而定，可以是常开的，也可以是常闭的。对于常闭排气口，应具有火灾时能自动和手动开启的功能。排气口的位置要满足以下要求：

1）应避开泡沫产生器的进气口，避免燃烧产物和烟气对泡沫产生不利影响。

2）不应影响泡沫的排放和泡沫的堆集，避免因延长达到淹没深度的时间而降低灭火效能。

3）排气口的设置高度应位于设计的泡沫淹没深度以上，避免泡沫流失。

5.0.8 对于中倍数或高倍数泡沫灭火系统，全淹没系统应具有自动控制、手动控制和机械应急操作的启动方式，自动控制的固定式局部应用系统应具有手动和机械应急操作的启动方式，手动控制的固定式局部应用系统应具有机械应急操作的启动方式。

【条文要点】

本条针对固定式中倍数或高倍数泡沫灭火系统，规定了全淹没系统和局部应用系统控制的基本要求，以提高系统控制的可靠性，确保系统在防护区或保护对象发生火灾时能够及时、可靠启动。

【实施要点】

（1）自动控制的泡沫灭火系统（包括全淹没系统和局部应用系统），同时具有自动、手动、机械应急启动三种启动方式是其基本要求。

（2）自动启动方式一般通过与火灾自动报警系统和联动控制装置联动自动启动；手动启动方式一般采取在消防控制室通过手动按钮远程手动启动。

（3）中倍数、高倍数泡沫灭火系统的机械应急启动方式，主要是针对电动控制阀门、液压控制阀门等而言。这类阀门要设置手动快开机构或带手动阀门的旁路，确保在自动和手动启动失效时仍能通过人员及时赶到现场应急操作启动灭火系统。

5.0.9 泡沫液泵的工作压力和流量应满足泡沫灭火系统设计要求，同时应保证在设计流量范围内泡沫液供给压力大于供水压力。

【条文要点】

本条规定了泡沫灭火系统中泡沫液泵的基本性能要求。

【实施要点】

（1）泡沫液泵是泡沫液比例混合器的关键设备，其性能高低关系到系统能否在规定的时间内按灭火要求供给符合要求的泡沫。在泡沫灭火系统的各种正常工作状态下，泡沫液泵的工作压力和流量均应能满足系统形成所需泡沫液与水混合比的要求。

泡沫液泵用于向系统供给泡沫液。目前，大多作为平衡式比例混合装置、机械泵入式比例混合装置等泡沫液比例混合装置的一个组件使用，而这类泡沫液比例混合装置一般作为独立的消防产品应用。因此，选择合适的泡沫液比例混合装置，一般能够保证泡沫液泵满足本条的要求。

（2）在实施中，要注意泡沫灭火系统的泡沫混合液流量范围应在所选的泡沫液比例混合装置的流量范围内，并应保证泡沫液比例混合装置的进口压力满足产品的性能要求。当泡沫液比例混合系统的泡沫液泵与泡沫液比例混合装置分开设置时，要注意选择合适的泡沫液泵，确保泵的工作压力和流量满足使用要求。例如，一体式平衡式比例混合装置不包含泡沫液泵，应用时可能会采用泡沫液远程注入的方式，此时就要注意泡沫液泵的选型。

6 水喷雾、细水雾灭火系统

6.0.1 水喷雾灭火系统和细水雾灭火系统的工作压力、供给强度、持续供给时间和响应时间，应满足系统有效灭火、控火、防护冷却或防火分隔的要求。

【条文要点】

本条规定了水喷雾灭火系统和细水雾灭火系统的功能和主要技术参数要求。

【实施要点】

（1）水喷雾灭火系统和细水雾灭火系统是除自动喷水灭火系统外较为常用的水基自动灭火系统。水喷雾灭火系统是由水源、供水设备、管道、雨淋报警阀（或电动控制阀、气动控制阀）、过滤器和水雾喷头等组成，向保护对象喷射水雾进行灭火或防护冷却的系统，系统构成参见图6-1。细水雾灭火系统是由供水装置、过滤装置、控制阀、细水雾喷头等组件和供水管道组成，能自动和人工启动并喷放细水雾进行灭火或控火的固定灭火系统，系统构成示意参见图6-2。

这两种系统均以水作为灭火介质，采用特殊喷头在压力作用下将水流分解成具有特定范围粒径的细小水雾滴，通过雾滴大比表面积的吸热作用和稀释氧的作用实现灭火或控火的防护目标。现行国家标准《水喷雾灭火系统技术规范》GB 50219—2014 将水喷雾灭火系统的防护目标描述为灭火和防护冷却。其中，防护冷却包含控制燃烧、暴露防护和预防火灾的综合目标。现行国家标准《细水雾灭火系统技术规范》GB 50898—2013，在"细水雾灭火系统"的定义中将该系统的防护目标描述为灭火和控火。细水雾灭火系统用水量少，不适用于防护冷却。对于控火，要求在一定时间内能够有效减少或控制火势，限制其蔓延，降低火灾

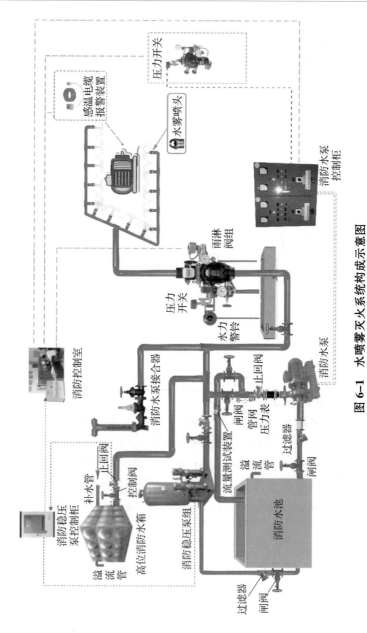

图 6-1 水喷雾灭火系统构成示意图

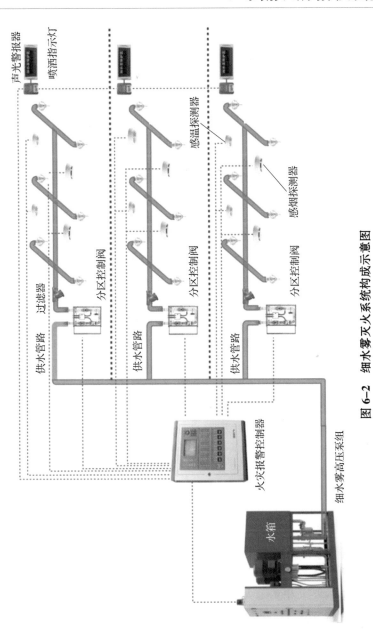

图 6-2　细水雾灭火系统构成示意图

图 6-2　细水雾灭火系统构成示意图

声光警报器、喷洒指示灯、感温探测器、感烟探测器、过滤器、分区控制阀、供水管路、火灾报警控制器、细水雾高压泵组、水箱

对建筑结构的损伤和减小财产的损失等。另外，水喷雾灭火系统和细水雾灭火系统均可以用于防火分隔。

（2）系统的响应时间、工作压力、水雾的供给强度和持续供给时间是水喷雾灭火系统和细水雾灭火系统的主要技术参数，决定了系统在火灾发生后能否快速地响应火情、及时启动，能否喷出具有特定粒径分布、动量等特性并可以产生冷却降温、阻隔辐射热、稀释氧而降低燃烧速率等效能的雾滴，能否以足够的雾流密度覆盖一定面积的区域或保护对象并将这种工况持续一定时间，使火势在限定区域和时间内被扑灭或得到控制。这些参数之间关联密切，只有在共同作用下才能使系统发挥既定作用。为此，首先应在系统设计中合理确定这些技术参数。

1）对于水喷雾灭火系统，有关参数的确定应经试验确定。现行国家标准《水喷雾灭火系统技术规范》GB 50219—2014 第3.1.2 条规定，按照不同保护目的、针对不同保护对象规定了系统相应的供给强度、持续喷雾时间和响应时间。第3.1.3 条规定了不同保护目的下水雾喷头的最低工作压力。同时，该标准的第3.1 节还针对系统的不同防护目的规定了系统的保护面积等。当水喷雾灭火系统满足该标准规定的这些技术参数时，可以认为该系统能够达到既定防护目的。

2）对于细水雾灭火系统，细水雾的自身特性导致影响系统灭火效果的因素多、关系复杂，系统技术参数更多依靠实体火灾试验或实体火灾模拟试验获得。现行国家标准《细水雾灭火系统技术规范》GB 50898—2013 第3.4.2 条和第3.4.4 条给出了部分闭式和开式细水雾灭火系统典型应用场所的喷雾强度、喷头的布置间距、安装高度和工作压力等技术参数的建议值，第3.4.9 条规定了不同保护场所或保护对象的系统所需持续喷雾时间。同时，该标准第3.4 节和附录 A 规定了细水雾灭火系统实体火灾模拟试验的基本要求和实体火灾模拟试验方案。当细水雾灭火系统的技术参数符合该标准的规定，可以认为该系统能够达到既定防护目的；当系统按照标准规定的实体火灾模拟试验要求开展试验时，试验结果可以作为确定系统技术参数的依据。

例如，对于高度为3.5m的电缆隧道，当采用水喷雾灭火系统保护时，参照现行国家标准《水喷雾灭火系统技术规范》GB 50219—2014第3.1.2条、第3.1.3条的规定，系统喷头的工作压力可以选择0.35MPa，系统持续供水时间为0.4h，响应时间为60s，系统供给强度按不小于13L/（min·m²）确定；当采用细水雾灭火系统保护时，参照现行国家标准《细水雾灭火系统技术规范》GB 50898—2013第3.4.4条、第3.4.8条、第3.4.9条，可以选择全淹没应用方式的开式系统保护，喷头的工作压力可以选择10MPa，系统持续喷雾时间为0.5h，响应时间为30s，系统的最小喷雾强度按不小于2.0L/（min·m²）、喷头布置间距不大于3.0m确定。同时，也可以参照现行国家标准《细水雾灭火系统技术规范》GB 50898—2013附录A.4进行实体火灾模拟试验，并将经试验验证的系统喷头工作压力、布置间距、喷雾强度作为确定系统设计参数的依据。

6.0.2 水喷雾灭火系统和细水雾灭火系统水源的水量与水质，应满足系统灭火、控火、防护冷却或防火分隔以及可靠运行和持续喷雾的要求。

【条文要点】

本条规定了水喷雾灭火系统和细水雾灭火系统水源的基本性能要求。

【实施要点】

（1）系统水源具备足够的供水能力是保证水基自动灭火系统持续、可靠运行，实现系统功能的必要条件。

水喷雾灭火系统的用水可以取自消防水池（罐）、消防水箱或天然水源，也可以由独立设置的高压消防给水系统保证。细水雾灭火系统的喷头孔径小、工作压力高，并在供水管网和喷头处设置过滤网（器），系统对水质的要求高，用水多由独立的储水容器提供。无论采用哪种水源供水，均要求其水量能够满足系统在设计持续供水时间内灭火、控火、防火分隔、防护冷却等所需用水量，水质能够确保水喷雾和细水雾灭火系统的管道和喷头不会被堵塞，出水流量和压力不会受到影响。

（2）系统水源的水量应同时满足水喷雾或细水雾灭火系统的最大设计流量和系统持续喷雾时间内所需用水总量的要求。为此，系统供水管路的管径、消防水池（箱）或储水容器等的有效容积、系统水源的补水等均应符合相应系统的设计要求。当水喷雾灭火系统利用天然水源时，要校核天然水源的水量是否符合设计要求，并应采取在枯水期最低水位时确保消防用水的技术措施，如设置取水口或取水井等。

（3）水源的水质是保证水雾或细水雾喷头形成满足要求粒径水雾的关键。对系统水源（包括系统的补水）水质的要求主要体现在两个方面：一是要限制水中的颗粒物等杂质的含量，不能使其堵塞水雾或细水雾喷头；二是系统用水不能有较强的腐蚀性，不能对管道、管件、喷头等主要组件造成腐蚀。例如，对于采用不锈钢管道和不锈钢制作部件的细水雾灭火系统，要限制系统水源中自由氯离子（或氯原子）的含量。与水喷雾灭火系统相比，细水雾灭火系统由于喷头的孔径更小，对水质的要求更高。现行国家标准《细水雾灭火系统技术规范》GB 50898—2013要求细水雾灭火系统采用专用的储水箱或储水容器，并规定了系统水质标准：泵组系统的水质不应低于现行国家标准《生活饮用水卫生标准》GB 5749的有关规定；瓶组系统的水质不应低于现行国家标准《瓶（桶）装饮用纯净水卫生标准》GB 17324的有关规定。另外，对于瓶组系统，不同供应商对系统的供水水质还有各自的要求；对于可能带电并需要及时恢复工作的保护对象，系统用水要尽量采用电导率更低的蒸馏水或去离子水。

（4）为确保系统水源的水量和水质始终满足系统正常工作的要求，要定期检测系统水源的供水能力，做好日常维护管理。例如，对于细水雾灭火系统，参照现行国家标准《细水雾灭火系统技术规范》GB 50898—2013 第 6 章的规定，应每日检查寒冷和严寒地区设置储水设备的房间温度，保证室内温度不低于 5℃；每月检查系统储水箱和储水容器的水位是否符合设计要求；每半年更换储水箱的储水；按产品制造商的要求定期更换储水容器内的储水；每年测定系统水源的供水能力，同时清洗储水箱、过滤器。

6.0.3 水喷雾灭火系统和细水雾灭火系统的管道应为具有相应耐腐蚀性能的金属管道。

【条文要点】

本条规定了水喷雾灭火系统和细水雾灭火系统供水管道的材质性能要求，以保证系统管道不会因腐蚀或承压能力不足等影响系统正常工作。

【实施要点】

符合要求的管道材质是确保自动灭火系统正常工作的必要保证。与消火栓系统、自动喷水灭火系统等相比，水喷雾灭火系统和细水雾灭火系统具有工作压力高，水雾喷头孔径小、易堵塞等特点。为不影响系统正常工作，要在综合考虑管道的承压、耐腐蚀或防腐蚀等性能或防护要求，兼顾工程经济性的基础上，合理选择系统供水管道的材质和壁厚。

为了不限制新材料、新产品的研发和应用，本规范未明确规定系统管道的材质及相关性能的具体参数，而是提出了相应的性能要求。在实际应用中，要结合系统的工作压力、管道设置环境条件等具体工程应用情况，从满足系统长期工作要求的目标出发，选择公称压力不低于系统设计工作压力、在相应环境和水质下具有良好耐腐蚀性能且不利于滋生微生物的管材。

为了方便选择，有关水喷雾灭火系统和细水雾灭火系统的技术标准规定了相应系统的管道材质和具体参数，在工程应用中可以根据具体情况选用。例如，现行国家标准《水喷雾灭火系统技术规范》GB 50219—2014 要求过滤器与雨淋报警阀之间及雨淋报警阀后的供水管道采用内外热浸镀锌钢管、不锈钢管或铜管；设置在甲、乙、丙类液体储罐和液化烃储罐上的冷却水环管等需要进行弯管加工的管道要求采用无缝钢管，不能采用焊接钢管。现行国家标准《细水雾灭火系统技术规范》GB 50898—2013要求系统供水管道采用冷拔法制造的奥氏体不锈钢钢管或其他耐腐蚀和耐压性能相当的金属管道；当系统最大工作压力不小于3.50MPa 时，要求采用符合现行国家标准《不锈钢和耐热钢牌号及化学成分》GB/T 20878 规定的 022Cr17Ni12Mo2 奥氏体不锈钢无缝钢管（S31603 号不锈钢，即原 316L）；当采用其他材质的管道时，需要证实其耐火、耐腐蚀和耐压性能等不低于上述管材的相应性能。

6.0.4 自动控制的水喷雾灭火系统和细水雾灭火系统应具有自动控制、手动控制和机械应急操作的启动方式。

【条文要点】

本条规定了水喷雾灭火系统和细水雾灭火系统的启动功能，以保证系统在火灾情况下能够及时、可靠地启动。

【实施要点】

通常，自动灭火系统均应具备多种系统启动方式，以保证系统在任何情况下都能及时启动，快速发挥灭火、控火等作用。

（1）对于水喷雾灭火系统和开式细水雾灭火系统，自动控制启动方式均是指灭火系统的火灾探测、报警和联动控制与供水设备、雨淋报警阀或分区控制阀等部件的启动联锁自动操作的控制方式。为了减少火灾探测器误报引起的误动作，开式细水雾灭火系统要求采用两个独立回路或两种不同火灾感应类型的火灾探测器的报警信号以确认火灾，只有当两种不同类型或两个独立回路中的火灾探测器均探测出防护场所的火灾信号时，才能发出启动灭火系统的指令。对于闭式细水雾灭火系统，系统可以直接利用闭式喷头上的感温元件自动感知火灾温度和触发喷头动作，继而使压力开关动作自动启动水泵（含稳压泵）。

（2）手动控制启动方式是通过手动操作灭火系统控制器（盘）上的相应按钮远程控制启动系统。机械应急控制启动方式需要人员在防护区或消防水泵房现场通过手动操作相关设备的机械应急启动装置启动灭火系统，一般在自动和手动启动方式失效的情况下使用。

对于水喷雾灭火系统，当允许系统响应时间大于120s时，可以仅采用手动控制和应急机械控制两种方式。

（3）本条规定只针对自动控制的系统，即设置具有自动控制功能的水喷雾或细水雾灭火系统。

6.0.5 水喷雾灭火系统的水雾喷头应符合下列规定：

1 应能使水雾直接喷射和覆盖保护对象；

2 与保护对象的距离应小于或等于水雾喷头的有效射程；

3 用于电气火灾场所时，应为离心雾化型水雾喷头；

4 水雾喷头的工作压力，用于灭火时，应大于或等于0.35MPa；用于防护冷却时，应大于或等于0.15MPa。

【条文要点】

本条规定了水喷雾灭火系统的喷头布置、选型原则和对喷头工作压力的基本要求，以保证系统工作时能够从喷头喷出满足系统灭火或冷却等功能要求的水雾。

【实施要点】

（1）本条要求水雾喷头以覆盖保护对象为原则直接喷出水雾，同时限制水雾喷头与保护对象之间的距离，使保护对象处于水雾喷头的有效喷雾范围内。水喷雾灭火系统喷头形成的水雾雾滴直径范围为400~1 000μm。

水雾喷头在一定压力作用下能将水流分解为直径不大于1 000μm的水滴，并在设定区域内按照设计的洒水形状覆盖保护对象。水雾喷头的水力特性决定了喷头存在一定的有效射程，在有效射程内喷出的水雾粒径小且均匀，灭火和防护冷却的效率高，超出有效射程后的水雾性能明显下降，且可能出现漂移现象。

（2）水喷雾灭火系统采用离心雾化型喷头时，喷头喷出的雾状水滴是间断、不连续的水滴，具有良好的电绝缘性能，可用于扑救带电设备和线路的火灾；采用撞击型水雾喷头时，由于喷头是利用撞击原理分解水流，水的雾化程度较差，不能保证雾状水的电绝缘性能。因此，用于扑救电气火灾的水喷雾灭火系统，为保证水雾的电绝缘性，应选用离心雾化喷头，否则可能造成更严重的事故。

（3）水雾喷头需在一定工作压力下才能使出水形成规定粒径范围内的雾状水滴。一般情况下，同一种水雾喷头，工作压力越高，出水的雾化效果越好。在相同供给强度下，雾化效果好有助于提高系统的灭火和冷却效果。水雾喷头的工作压力与系统的防护目标有关，用于灭火和控火时，要求喷雾的动量较大，雾滴粒径较小；用于防护冷却保护和防火分隔时，要求喷雾的动量较小，雾滴粒径较大。因此，与防护冷却和防火分隔相比，灭火和控火时要保证水雾喷头处具有更高的水压。

水雾喷头的工作压力必须满足其设定防护目标下的最低工作压力要求，否则会影响系统的灭火和冷却效果。目前，我国生产的水雾喷头多数在压力大于或等于0.2MPa时能获得良好的水量分布和雾化效果，满足防护冷却的要求；压力大于或等于0.35MPa时能获得更小粒径水滴的雾化效果，满足灭火的要求。对B型（进水口与出水口在一条直线上的离心雾化喷头）和C型（利用撞击作用产生雾化水滴的喷头）水雾喷头在不同压力下的喷雾状态进行试验表明，喷头的工作压力为0.15MPa时，喷头的雾化角和雾滴直径仍可满足相关产品国家标准的要求。水雾喷头的分类参见国家标准《自动喷水灭火系统　第3部分：水雾喷头》GB 5135.3—2003。

6.0.6 细水雾灭火系统的细水雾喷头应符合下列规定：

　　1　应保证细水雾喷放均匀并完全覆盖保护区域；

　　2　与遮挡物的距离应能保证遮挡物不影响喷头正常喷

放细水雾，不能保证时应采取补偿措施；

3 对于使用环境可能使喷头堵塞的场所，喷头应采取相应的防护措施。

【条文要点】

本条规定了细水雾灭火系统的喷头布置原则和基本防护要求，以保证火灾时喷头喷出的细水雾能够有效地施加到被保护区域或保护对象上，实现系统功能。

【实施要点】

（1）细水雾喷头是细水雾灭火系统的核心组件之一，喷头只有在其设计工作压力范围内才能够形成细水雾。细水雾的雾滴直径基本都小于400μm，根据国家标准《细水雾灭火系统技术规范》GB 50898—2013的规定，细水雾为水在最小设计工作压力下，经喷头喷出并在喷头轴线下方1.0m处的平面上形成的直径 Dv0.50 小于200μm，Dv0.99 小于400μm的水雾滴。细水雾喷头一般按矩形布置，也有按其他形式布置的。对于开式系统，喷头布置要能将细水雾均匀分布并充填防护空间，完全淹没保护对象；对于闭式系统，喷头的喷雾覆盖范围应无空白；当采用局部应用方式保护具体对象时，喷头布置应能使细水雾完全包络或覆盖保护对象或防护部位。

（2）与其他水基灭火系统相比，细水雾的雾滴粒径小，具有良好的弥散性，受遮挡物的影响较小。但当遮挡物位于细水雾喷头附近，或遮挡物以较大体量处于细水雾喷射距离范围内时，可能会影响细水雾的形成，进而对喷头的喷雾效果产生不利影响。当遮挡物距离保护对象较近时，也可能会阻挡细水雾顺利到达或完全包络保护对象。在工程设计和安装时，要充分考虑遮挡物的位置和自身特性，喷头的位置要避开对细水雾有效喷雾造成影响的遮挡物，或采取局部增设喷头等补偿措施。

（3）细水雾喷头的喷雾孔径小，设置在含尘或含油类物质等场所时，容易造成喷头堵塞，影响细水雾的动量、覆盖范围等喷雾效果。安装在这些场所的喷头要考虑防尘、防油脂等防护措施，如设置防护罩等。同时，要保证这些措施在系统动作后能及时从喷头上脱落，不会影响细水雾喷头的正常喷雾。

6.0.7 细水雾灭火系统的持续喷雾时间应符合下列规定：

1 对于电子信息系统机房、配电室等电子、电气设备间，图书库、资料库、档案库、文物库、电缆隧道和电缆夹层等场所，应大于或等于30min；

2 对于油浸变压器室、涡轮机房、柴油发电机房、液压站、润滑油站、燃油锅炉房等含有可燃液体的机械设备间，应大于或等于20min；

3 对于厨房内烹饪设备及其排烟罩和排烟管道部位，应大于或等于15s，且冷却水持续喷放时间应大于或等于15min。

【条文要点】

本条规定了细水雾灭火系统主要应用场所或部位的持续喷雾时间，以确保系统启动后能够按设定的参数持续工作至实现系统的防护目标。

【实施要点】

（1）细水雾灭火系统的持续喷雾时间是保证系统实现灭火、控火等目标并防止火灾复燃的重要参数。细水雾灭火系统因其应用场所防护目标不同，对系统灭火或控火的能力要求有所区别。相应地，系统的自身性能体现在达到不同防护目标所需喷雾时间上也有所不同。正常情况下，细水雾灭火系统用于扑救可燃液体火灾时，多以彻底扑灭火灾或迅速减弱火势并防止其复燃或再次增长为防护目标；用于扑救可燃固体火灾时，多以有效控制火灾，在一定时间内限制火势增长并减小火灾对建筑结构和财物的破坏作用为防护目标，此时要保证系统有足够的控火时间以等待外部消防救援人员扑灭残火。

在有限的封闭空间内，细水雾灭火系统扑灭可燃液体火灾的速度一般快于扑救可燃固体火灾。电缆隧道、电缆夹层内的可燃物多是电线和电缆，其外绝缘层和防护层虽然多为阻燃型物质，但在一定条件下仍具有与一般可燃物同样的燃烧特性。这些空间的火灾比较隐蔽，一旦燃烧如未被及时发现，火势增大后很难短时间内扑灭。数据中心、通信机房、变配电室等电子、电气类火灾多以控制火灾或抑制火势发展为防护目标，这类场所多数有人值守，允许人员及时参加扑灭残余火灾。图书库、档案库等属于现行国家标准《自动喷水灭火系统设计规范》GB 50084—2017规定的中危险Ⅱ级的场所，需要系统及时启动，并保证喷雾持续至火灾扑灭且不复燃，或使火势得到有效控制，以避免固体表面火灾发展为深位火灾。

（2）细水雾灭火系统的设计持续喷雾时间是在实体火灾模拟试验获得的灭火时间基础上，考虑一定安全系数后确定的。本条有关持续喷雾时间的要求，是根据不同场所的火灾特点规定的系统最短持续喷雾时间，主要针对泵组式细水雾灭火系统。在实际工程应用中，可以根据防护对象或空间大小和重要性及火灾的类型，结合细水雾灭火系统选型等适当延长。

对于瓶组式细水雾灭火系统，系统的持续供水能力不如泵组式细水雾灭火系统，多用于体积较小的防护对象。考虑到瓶组系统可能用于偏远缺水、无人值守的小型设备用房等场所，系统的持续喷雾时间可以按其实体火灾模拟试验灭火时间的2倍确定，且不应小于10min。

（3）细水雾灭火系统的持续喷雾时间作为系统的重要技术参数之一，并不是孤立存在的，而是与系统的喷雾强度、作用面积（针对闭式系统）、工作压力等参数密切相关，在共同作用下实现系统的火灾防控功能。对于本规范未规定的应用场所，系统的持续喷雾时间应在试验验证的基础上经综合评估后确定。

6.0.8 细水雾灭火系统中过滤器的材质应为不锈钢、铜合金，或其他耐腐蚀性能不低于不锈钢、铜合金的金属材料。过滤器的网孔孔径与喷头最小喷孔孔径的比值应小于或等于0.8。

【条文要点】

本条规定了细水雾灭火系统过滤器的材质和网孔大小要求，以避免因细水雾喷头堵塞等影响系统功能。

【实施要点】

（1）过滤器是细水雾灭火系统的关键部件之一。细水雾喷头的喷雾孔径细小，任何微小的固体颗粒都有可能堵塞喷头，影响喷头的喷雾效果。通过安装过滤器可以防止水中杂质损坏设备和堵塞喷头，现行国家相关技术标准均有具体规定，有关具体参数可以按照这些标准的规定确定。例如，现行国家标准《细水雾灭火系统技术规范》GB 50898—2013要求在细水雾灭火系统的供水源和供水管网上设置相应的水源过滤器和管道过滤器。国家现行消防救援行业标准《细水雾灭火装置》XF 1149—2014要求喷孔直径小于或等于0.8mm的细水雾喷头设置过滤网。

（2）系统的过滤器或过滤网本身应具备在所用水质和应用环境条件下长期正常使用的耐腐蚀性能，避免因过滤器或过滤网自身发生腐蚀而产生杂质。当前，国内外多选择不锈钢或铜合金等耐腐蚀性能较好的材质制作过滤器或过滤网。当采用其他材质时，应按照国家相关技术标准测试或采用其他验证方式，以证明其耐腐蚀性能不低于不锈钢或铜合金等系统允许使用的材料的耐腐蚀性能。

（3）系统中设置的过滤器滤网，应确保过滤器网孔孔径不大于喷头喷孔孔径的80%，网孔太大会造成喷头堵塞，太小则影响系统流量。同时，设置的过滤器要考虑其摩擦阻力对系统供水能力的影响。在进行水力计算时，要将过滤器的等效当量长度纳入系统局部水头损失计算。

（4）过滤器的尺寸、强度等性能应保证过滤器在系统最低流量和压力情况下的持续工作能力。对于设置在储水箱入口的过滤器，要满足系统补水时间和通过流量的要求；对于设置在储水箱出口及控制阀前的过滤器，要满足系统正常工作时的压力和流量要求。

7 固定消防炮、自动跟踪定位射流灭火系统

7.0.1 固定消防炮、自动跟踪定位射流灭火系统的类型和灭火剂应满足扑灭和控制保护对象火灾的要求，水炮灭火系统、泡沫炮灭火系统和自动跟踪定位射流灭火系统不应用于扑救遇水发生化学反应会引起燃烧或爆炸等物质的火灾。

【条文要点】

本条规定了固定消防炮灭火系统、自动跟踪定位射流灭火系统的设置目标，系统及其灭火介质选型应以满足系统的防护目标和保证使用安全为原则。

【实施要点】

（1）固定消防炮灭火系统是由固定消防炮和相应配置的系统组件组成的固定灭火系统。固定消防炮灭火系统按喷射介质分为固定水炮系统、泡沫炮系统和干粉炮系统；按控制方式分为远控消防炮系统（简称远控炮系统）和手动消防炮灭火系统（简称手动炮系统）。消防炮是连续喷射时水、泡沫混合液流量大于16L/s或干粉平均喷射速率大于8kg/s，脉冲喷射时单发喷射水、泡沫混合液量不低于8L的喷射灭火介质的装置。消防炮按喷射介质分为消防水炮、消防泡沫炮和消防干粉炮；按安装方式分为移动式消防炮和固定式消防炮；按控制方式分为远控消防炮和非远控消防炮；按驱动方式分为手动消防炮、电动消防炮、液动消防炮和气动消防炮。固定消防炮灭火系统构成示意参见图7-1。

自动跟踪定位射流灭火系统是以水为射流介质，利用探测装置对初期火灾进行自动探测、跟踪、定位，并运用自动控制方式实现射流灭火的固定灭火系统。自动跟踪定位射流灭火系统按灭火装置流量大小及射流方式分为自动消防炮灭火系统、喷射

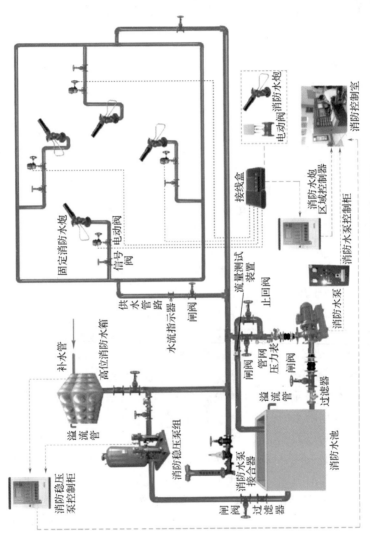

图 7-1 固定消防炮灭火系统构成示意图

型自动射流灭火系统和喷洒型自动射流灭火系统。其中，自动消防炮灭火系统的灭火装置流量大于 16L/s；喷射型和喷洒型自动射流灭火系统的灭火装置流量均不大于 16L/s 且不小于 5L/s。自动跟踪定位射流灭火系统构成示意参见图 7-2。

（2）固定消防炮灭火系统、自动跟踪定位射流灭火系统的功能为扑灭设置场所或防护对象的火灾，或控制火灾的增长与蔓延。灭火系统的正确选型是实现系统功能的重要保证，系统选型要兼顾系统保护场所的空间特性、环境条件、可燃物类型及其数量或室外设备布置和可燃物等的分布情况、火灾发展特性等。通过选择合理类型的灭火系统及灭火介质，使灭火系统的灭火和控火能力与保护对象的状态和火灾发展特性等情况匹配，在保证系统能够充分发挥系统的灭火、冷却等功能的前提下，不会给应用场所或保护对象带来次生危害。

对于爆炸危险性场所、可能产生大量有毒气体的场所、燃烧猛烈并产生强辐射热可能危及人身安全的场所、容易造成火灾大面积蔓延且损失严重的场所、室内净高大于 8m 且火灾危险性较大的场所、发生火灾时消防救援人员难以及时接近或撤离固定消防炮位的场所等，要选用具有远程控制功能的消防炮灭火系统，以便在保障消防救援人员安全的情况下及时扑灭火灾。其他场所，由于火灾规模和火灾危险性较小，消防救援人员容易接近且能及时到达或撤离，可以选用手动控制的消防炮灭火系统。

在固定消防炮灭火系统中，泡沫炮灭火系统适用于扑救甲、乙、丙类液体火灾和可燃固体火灾；干粉炮灭火系统适用于扑救液化石油气和液化天然气的生产、储运、使用装置或场所的火灾；水炮灭火系统适用于扑救生产、储运、使用木材、纸张、棉花及其制品等固体可燃物质的场所的火灾。泡沫炮灭火系统和干粉炮灭火系统，应根据扑救防护场所和保护对象的火灾特性选择相应类型的泡沫液或干粉灭火剂，不得选用不能有效扑灭被

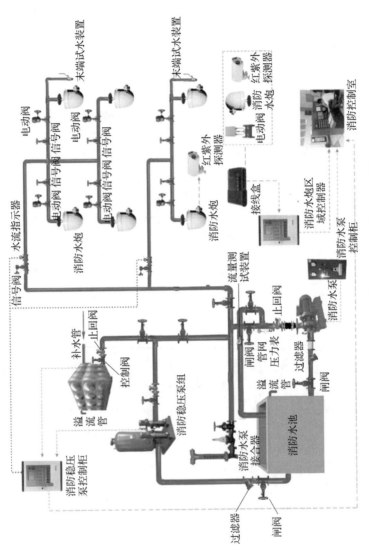

图 7-2　自动跟踪定位射流灭火系统构成示意图

保护场所和被保护对象可能火灾的灭火介质。例如，用于保护具有 A 类火灾（即可燃固体火灾）场所的干粉炮灭火系统，要选用磷酸铵盐等 A、B、C 类干粉灭火剂，不能选择碳酸氢钠等 B、C 类干粉灭火剂；用于保护具有 B 类火灾（即可燃液体火灾）和 C 类火灾（即可燃气体火灾）的干粉炮灭火系统，可以选择磷酸铵盐灭火剂，也可以选择碳酸氢钠灭火剂。

（3）自动跟踪定位射流灭火系统以水为灭火介质，适用于扑救可燃固体火灾，可以用于保护室内净空高度大于 8m，且难以设置自动喷水灭火系统的高大空间场所。

喷射型自动射流灭火系统和喷洒型自动射流灭火系统的灭火装置流量较小，多用于保护轻危险级和中危险级场所。自动消防炮灭火系统的流量较大、灭火能力更强，适用于中危险级场所和丙类库房。对于候车厅、展厅等类似高大空间的中危险级场所，为便于布置并兼顾工程经济性，往往需要保护半径更大的射流水，可以优先选用自动消防炮灭火系统；对于严重危险级的场所，火灾荷载大或火灾发展速度快，通过射流方式灭火的效果不如雨淋系统等一次洒水覆盖面积大的灭火系统，这类场所不适合选用自动跟踪定位射流灭火系统。自动跟踪定位射流灭火系统设置场所的火灾危险等级，可以按照现行国家标准《自动喷水灭火系统设计规范》GB 50084—2017 的规定划分。

自动跟踪定位射流灭火系统主要利用红外线或紫外线等探测火焰信息的技术感应、识别和定位火灾。对于有明火或高温作业的场所，系统容易发生误报警和误喷；对于火灾蔓延速度快的场所，系统难以准确定位火源；对于具有明显遮挡区域的场所，系统的探测功能和射流灭火功能会受到较大影响。因此，自动跟踪定位射流灭火系统不能用于保护经常有明火或高温作业、在喷头射流范围内存在明显遮挡以及火灾蔓延速度快的场所、高架仓库的货架区域等场所。

（4）水炮、泡沫炮灭火系统的灭火介质为水和泡沫，自动跟踪定位射流灭火系统采用水作为灭火介质，不能用于存在下列物质或情形的场所：

1）与水接触可能发生化学反应从而引起燃烧或爆炸的物质；

2）遇水会发生化学反应并产生有毒有害物质（如活泼金属）；

3）灭火射流导致可燃液体发生喷溅或沸溢而使火灾大面积蔓延。

（5）有关固定消防炮灭火系统、自动跟踪定位射流灭火系统的适用场所和系统选型等的详细要求，参见现行国家标准《固定消防炮灭火系统设计规范》GB 50338—2003和《自动跟踪定位射流灭火系统技术标准》GB 51427—2021等的规定。

7.0.2 室内固定水炮灭火系统应采用湿式给水系统，且消防炮安装处应设置消防水泵启动按钮。为水炮和泡沫炮灭火系统供水的临时高压消防给水系统应具有自动启动功能。

【条文要点】

本条规定了室内固定水炮灭火系统的型式及消防水泵启动要求，以保证火灾条件下能及时启动消防水泵，为消防水炮提供所需压力和流量。

【实施要点】

固定消防水炮灭火系统的型式要与其设置场所的建筑特征或环境状况、火灾特性等相适应。与干式系统相比，湿式系统准工作状态时配水管道内充满水，系统在火灾情况下能够更快喷射出水，可靠性更高。为及时启动消防水泵，保证系统的灭火介质供给强度和消防炮的射程，应在消防炮的设置处附近便于人员手动操作的位置设置可以直接启动消防水泵的按钮。但应注意的是，湿式消防炮灭火系统在寒冷地区存在被冻的情形，参照现行国家标准《自动喷水灭火系统设计规范》GB 50084—2017和《消防给水及消火栓系统技术规范》GB 50974—2014对湿式自动喷水灭火系统或湿式室内消火栓系统应用场所的环境温度要求，湿式消防炮灭火系统不适合设置在环境温度可能低于4℃，或高于70℃的场所。

根据现行国家标准《消防给水及消火栓系统技术规范》GB 50974—2014对临时高压消防给水系统的定义（详见本指南第3.0.1条【实施要点】），临时高压消防给水系统具有自动启动消防水泵的功能是该类系统的根本功能要求。消防水炮和泡沫炮灭火系统的给水系统如采用临时高压消防给水系统，也要满足此要求。

7.0.3 室内固定消防炮的设置应保证消防炮的射流不受建筑结构或设施的遮挡。

【条文要点】

本条规定了室内固定消防炮布置的基本要求，确保消防炮的射流不会因遮挡而影响其实现灭火功能。

【实施要点】

室内固定消防炮需通过射流将水或其他灭火介质直接作用到保护范围内的火源处，才能实施灭火或控火。消防炮的安装位置和安装高度要保证消防炮在允许的回转和俯仰角范围内不会与周围的建筑结构或构件碰撞，能够避开位于消防炮保护范围内射流路线上的障碍物，使消防炮的射流能够完全覆盖其保护半径范围内的全部区域，并且不会因射流路线上的障碍物减小直接作用于火源处的灭火介质流量。对于消防炮保护范围内不可避免的障碍物或遮挡物，要通过增加消防炮数量、改变消防炮的型号或者调整消防炮安装高度、回转范围等方式，确保消防炮的射流能够到达被保护区域的任一部位，并将设计流量的灭火介质完全覆盖被保护对象。

7.0.4 室外固定消防炮应符合下列规定：

1　消防炮的射流应完全覆盖被保护场所及被保护物，喷射强度应满足灭火或冷却的要求；

2　消防炮应设置在被保护场所常年主导风向的上风侧；

3 炮塔应采取防雷击措施，并设置防护栏杆和防护水幕，防护水幕的总流量应大于或等于6L/s。

【条文要点】

本条规定了室外固定消防炮设置的基本要求，确保消防炮在室外应用条件下能够实现系统的功能。

【实施要点】

（1）室外固定消防炮主要用于扑救石油化工企业、炼油厂、可燃气体和可燃液体储罐区、油品码头、液化石油气装卸码头、海上钻井平台等火灾燃烧猛烈、具有爆炸火灾危险性、消防救援人员难以接近的场所的火灾。这些场所的火灾发展蔓延迅速，起火后同时燃烧的面积大，作为提供区域性消防保护的室外消防炮系统，应具有使其射流完全覆盖整个起火范围或保护对象的能力，以施加精准保护阻止火势向周围区域连续蔓延。这要求在设计时就要充分勘察现场，并分析现场的主导风向以及保护对象所处方位、保护高度、保护范围，在根据射程需要选用合适类型的消防炮后合理确定消防炮的位置和安装高度，使整个保护范围至少处于一门消防炮的射流覆盖范围内。同时，室外消防炮系统应用场所的火场温度往往很高、火势猛烈且蔓延快，灭火介质的供给必须达到一定的喷射强度才能有效发挥其灭火或冷却的作用。不同保护对象、不同灭火介质的消防炮系统，所需消防炮的供给强度不同，一般都需要经过试验确定。现行国家标准《固定消防炮灭火系统设计规范》GB 50338—2003第4.3.4条等条文规定了部分场所消防炮的供给强度，在工程应用中可以根据系统设置和保护对象情况选用。

（2）室外消防炮的射流射程和送达保护区域或保护对象的灭火介质流量及作用范围受环境风速影响较大。消防炮的安装位置应减小其射流受到侧风向、逆风向的影响，避免因喷射的水柱、水雾、泡沫或干粉随风向偏移带来灭火供给强度损失。在实际工程中，应尽量将消防炮位安装在被保护场所主导风向的上风方向。

（3）室外消防炮塔离火场一般较近，为局部区域中较高的构筑物，应采取设置避雷装置和防护栏杆等防雷击和人员安全防护措施，以便消防救援人员能够安全操作消防炮灭火，减少火灾和雷击等对炮塔本身及安装在炮塔上的设备的损害。通常情况下，还需同时在炮塔上设置起自身保护作用的水幕装置。防雷措施应符合现行国家标准《建筑物防雷设计规范》GB 50057 和《建筑物防雷工程施工与质量验收规范》GB 50601 的规定。有关技术要求，可参见现行国家标准《固定消防炮灭火系统设计规范》GB 50338—2003 的规定，如该标准第 4.2.2 条规定，当灭火对象高度较高、面积较大或在消防炮的射流受到较高大障碍物的阻挡时，安装在室外的消防炮应设置消防炮塔；第 4.2.3 条规定，消防炮宜布置在甲、乙、丙类液体储罐区防护堤外，当布置在防护堤内时，应对远控消防炮和消防炮塔采取有效的防爆和隔热保护措施；第 5.7.3 条规定，室外消防炮塔应设置防止雷击的避雷装置、防护栏杆和保护水幕，保护水幕的总流量不应小于 6L/s。

7.0.5　固定消防炮平台和炮塔应具有与环境条件相适应的耐腐蚀性能或防腐蚀措施，其结构应能同时承受消防炮喷射反力和使用场所最大风力，满足消防炮正常操作使用的要求。

【条文要点】

本条规定了固定消防炮平台和炮塔的结构性能要求，以保证消防炮系统的结构安全、固定牢固，满足消防炮正常运行和灭火操作的要求。

【实施要点】

消防炮塔是安装消防炮实施高位喷射灭火介质的主要支撑设备。通常消防炮塔为双平台，上、下平台分别安装泡沫炮和水炮；也有三平台或多平台的消防炮塔，上、中、下平台分别安装泡沫炮、水炮和干粉炮。消防炮塔通常设置在室外，不少安装在海港、石化区等腐蚀性较强的环境中，受环境空气及风、雨、雷电等自然现象对消防炮塔的长期作用，应采取相应的防护措施。其中，防腐蚀措施和结构安全性关系到消防炮塔的使用寿命和安全使用。

消防炮塔通常为高耸结构，具有较大的高度和质量，安装消防炮塔的地面基座、消防炮塔与地面基座的连接均应稳固。消防炮的工作流量和工作压力较大，喷射时造成的反作用力也较大，消防炮塔的设计结构强度应根据其自重、所在地区年最大风速的作用力和消防炮喷射时反作用力校核，确保消防炮平台和炮塔的结构安全。同时，消防炮塔的构造应满足消防炮灭火操作和维护检修的要求，不应影响或限制消防炮的左右回转或上下俯仰角度等灭火操作幅度。

7.0.6 固定水炮、泡沫炮灭火系统从启动至炮口喷射水或泡沫的时间应小于或等于5min，固定干粉炮灭火系统从启动至炮口喷射干粉的时间应小于或等于2min。

【条文要点】

本条规定了固定消防炮灭火系统的响应时间，以保证消防炮灭火系统能够及时动作并喷出射流，提高灭火效果。

【实施要点】

（1）固定消防炮灭火系统要实现有效控火、灭火，要求系统在火灾发生时能够及时响应，并喷射出符合灭火要求强度的灭火介质。固定水炮、泡沫炮灭火系统从启动至消防炮喷出水或泡沫的时间，包括泵组的电机或柴油机启动时间、真空引水时间、阀门开启时间和灭火介质通过管道的时间等。干粉炮灭火系统从启动至干粉炮喷出干粉的时间，主要取决于从储气瓶向干粉罐内充气的时间和干粉通过管道的时间。

固定消防炮灭火系统要实现及时启动和喷射灭火介质，必须确保固定水炮、泡沫炮的消防泵组、干粉炮的氮气瓶组能够及时启动，电动阀门灵活、正确启闭，管道通畅无阻，泡沫比例混合装置或干粉罐的进口和出口压力、消防炮的进口压力等均符合设计要求。按维护管理制度和相关标准对系统定期开展维护检查，对于保证上述功能正常十分重要。

（2）固定消防炮灭火系统既可以手动启动，也可以与火灾自动报警系统联动控制自动启动，视保护场所的具体情况和火灾特性而定。相关控制要求和灭火介质的喷射时间，可见现行国家标准《固定消防炮灭火系统设计规范》GB 50338—2003 的规定。

7.0.7 固定水炮灭火系统的水炮射程、供给强度、流量、连续供水时间等应符合下列规定：

1 灭火用水的连续供给时间，对于室内火灾，应大于或等于1.0h；对于室外火灾，应大于或等于2.0h；

2 灭火及冷却用水的供给强度应满足完全覆盖被保护区域和灭火、控火的要求；

3 水炮灭火系统的总流量应大于或等于系统中需要同时开启的水炮流量之和、灭火用水计算总流量与冷却用水计算总流量之和两者的较大值。

【条文要点】

本条规定了固定水炮灭火系统的喷水时间、供给强度、流量等主要技术参数的基本要求。

【实施要点】

（1）足够的喷水时间、供给强度、流量等是确保固定水炮灭火系统具备既定灭火能力的前提，这些参数的确定与系统的防护目标、保护对象的高度、直径及与相邻建（构）筑物的间距等特性或保护场所的空间几何情况及内部设施设备布置情况、火灾的种类、燃烧和蔓延速率等密切相关。

水炮灭火系统的灭火和冷却用水连续供给时间，对于室内场所，主要用于保护中危险级的场所和丙类仓库，该时间与中危险级工业与民用建筑对自动喷水灭火系统的连续供给时间的要求基本相当；对于室外场所，如可燃液体储罐、可燃气体储罐、石化生产装置和可燃液体码头，火灾往往发展迅猛，存在较大范围蔓延的危险，所需保护范围大，灭火和冷却用水的连续供给时间都要求较长，以防止火灾复燃和蔓延扩大。尽管本条规定室外水炮系统的灭火喷水时间不应小于 2.0h，但不同规模和不同种类火灾所需灭火时间差异较大，有关石化装置、油品码头等场所水炮灭火系统的连续供给时间还需分别根据这些场所的消防救援要求，按照现行国家标准《石油化工企业设计防火标准》GB 50160 和行业标准《装卸油品码头设计防火规范》JTJ 237 等标准的规定确定。

（2）水炮灭火系统为达到灭火和冷却目的，要求喷射的直流水或水雾的射程能够有效覆盖着火区域，并确保其供给强度满足扑灭、控制相应保护对象的火灾或冷却防护的要求。不同防护场所或防护对象灭火或防护冷却对水炮灭火系统的最低供给强度不同，不同规格水炮的流量和射程及其效能均应经过试验验证确定。现行国家标准《固定消防炮灭火系统设计规范》GB 50338—2003第 4.3.4 条规定了部分典型应用场所和保护对象水炮灭火系统的灭火及冷却保护供给强度以及水炮灭火系统的灭火面积及冷却面积的计算方法。实际工程中设置的系统可以据此计算灭火用水与冷却用水所需流量。

（3）根据保护场所或保护对象的保护范围，可以计算出水炮的设计流量和有效射程。根据水炮射流应能完全覆盖被保护场所或被保护对象的要求及设置场所高大遮挡物、风向等具体情况，结合水炮的布置要求可以初步确定水炮的数量、规格型号和安装位置，再根据水炮设置场所的环境条件和供水水源、动力配套等条件校核与调整，最后可以得到每台水炮的流量，进而计算出水炮灭火系统的总流量。水炮灭火系统的总流量应同时满足系统灭火和冷却用水的要求。为保证实现水炮灭火和冷却的功能，水炮灭火系统的总流量取值应确保同一时间发生 1 次火灾需要同时开启的所有水炮均能以其设定供给强度喷射灭火介质。因此，水炮灭火系统的总流量应同时满足上述两者的要求，并取两者的较大值。

7.0.8 固定泡沫炮灭火系统的泡沫混合液流量、泡沫液储存量等应符合下列规定：

1 泡沫混合液的总流量应大于或等于系统中需要同时开启的泡沫炮流量之和、灭火面积与供给强度的乘积两者的较大值；

2 泡沫液的储存总量应大于或等于其计算总量的 1.2 倍；

3 泡沫比例混合装置应具有在规定流量范围内自动控制混合比的功能。

【条文要点】

本条规定了固定泡沫炮灭火系统的流量、泡沫液储存量等主要系统参数的基本要求，以确保系统能够达到设计供给强度和供给时间，实现有效灭火。

【实施要点】

（1）固定泡沫炮灭火系统主要用于保护可燃液体和可燃气体储罐区、液化石油气装卸码头、具有可燃液体火可燃气体火灾的化工装置等场所，灭火时一般需要同时开启多门泡沫炮。因此，固定泡沫炮灭火系统的泡沫混合液总流量既要满足火灾时需要同时使用的每门泡沫炮灭火所需流量，又要能够确保喷射到着火区域的泡沫能达到足够的供给强度和覆盖范围。同时开启的泡沫炮的泡沫混合液总流量，要根据灭火系统设置场所中任一保护区域或保护对象发生火灾需要同时开启的泡沫炮数量及其射程和供给强度计算确定，取其中同时开启的泡沫炮所需泡沫混合液总流量的最大者，并且不应小于该系统保护的最大灭火面积与供给强度的乘积。例如，扑救一个可燃液体储罐区的火灾最多需要同时开启 3 门泡沫炮，泡沫混合液总流量为 120L/s；按其中一个灭火面积最大储罐的灭火面积和供给强度计算需要泡沫混合液流量为 160L/s，则该固定泡沫炮灭火系统的泡沫混合液总流量应按 160L/s 确定。一门泡沫炮的供给强度要结合泡沫炮的型号、工作压力、泡沫混合液的类型和扑救的火灾物质特性等确定。有关泡沫混合液的供给强度、泡沫炮的射程和设计流量等的详细要求和计算，参见现行国家标准《泡沫灭火系统技术标准》GB 50151和《固定消防炮灭火系统设计规范》GB 50338等标准的规定。

（2）为保证泡沫混合液的连续供给时间，固定泡沫炮灭火系统的泡沫液储存量需要根据灭火实际所需泡沫液量，考虑系统中泡沫液储罐及混合液输送管线中不能被完全利用的泡沫液量后确定，且不应小于灭火实际所需泡沫液计算总量的 1.2 倍。

（3）泡沫比例混合装置是一种将水与泡沫液按规定比例混合成泡沫混合液，供泡沫产生装置发泡的设施。泡沫比例混合装置是泡沫炮灭火系统的"神经中枢"，其工作性能的好坏直接关系到系统扑救火灾的成败。我国目前在工程中应用的泡沫比例混合装置（器）主要有压力式、平衡式、计量注入式、机械泵入式等型式。根据固定消防炮灭火系统的技术特点和控制要求，为便于操作和控制，要求泡沫比例混合装置具有在规定的工作压力、流量范围内自动控制混合比，使混合比符合灭火要求的功能。

7.0.9 固定干粉炮灭火系统的干粉存储量、连续供给时间等应符合下列规定：

1 干粉的连续供给时间应大于或等于 60s；

2 干粉的储存总量应大于或等于其计算总量的 1.2 倍；

3 干粉储存罐应为压力储罐，并应满足在最高使用温度下安全使用的要求；

4 干粉驱动装置应为高压氮气瓶组，氮气瓶的额定充装压力应大于或等于 15MPa；

5 干粉储存罐和氮气驱动瓶应分开设置。

【条文要点】

本条规定了固定干粉炮系统的存储量、连续供给时间等主要系统参数的基本要求和干粉储存罐及驱动瓶组的基本性能要求。

【实施要点】

（1）固定干粉炮灭火系统的干粉储存量、喷射量、射程、连续供给时间是系统的主要技术参数，这些参数的确定又涉及单位面积干粉灭火剂供给量、系统的灭火面积、干粉的连续供给时间、灭火所需干粉用量、驱动气体的工作压力、干粉供给管道的长度、气粉比等参数。其中，干粉的连续供给时间和储存量是干粉炮灭火系统的关键技术参数，必须保证所设置的干粉炮灭火系统满足这两个基本参数的指标要求，以确保系统能够有效灭火并防止灭火后火灾复燃。

（2）固定干粉炮灭火系统应能在规定的供给时间内连续喷射干粉，并且在连续供给时间内的干粉喷射强度应满足单位面积的干粉灭火剂供给量要求。干粉的连续供给时间不应小于60s。单位面积的干粉灭火剂供给量体现了不同类型干粉灭火剂的灭火性能，因干粉灭火剂的类型不同而异，一般应经试验验证确定。现行国家标准《固定消防炮灭火系统设计规范》GB 50338—2003第4.5.2条的有关规定可供参考，详见表7-1。

表7-1　干粉炮系统的单位面积干粉灭火剂供给量

干粉种类	单位面积干粉灭火剂供给量 / （kg/m²）
碳酸氢钠干粉	8.8
碳酸氢钾干粉	5.2
氨基干粉、磷酸铵盐干粉	3.6

固定干粉炮灭火系统的灭火用干粉计算总量，应按照在规定时间内需要同时开启的干粉炮所需干粉总量计算，且不应小于单位面积干粉灭火剂供给量与灭火面积的乘积。一门干粉炮所需干粉总量应根据其公称流量、工作压力和持续供给时间计算确定。为了保证有足够的干粉灭火剂量，干粉储存量还应考虑防止复燃所需干粉用量以及喷射路径上损失的量，可以直接采用补偿系数计算。本条规定固定干粉炮灭火系统的干粉储存量不应小于灭火用干粉计算总量的1.2倍。

（3）固定干粉炮灭火系统由干粉储存装置、氮气瓶组、管道、阀门、干粉炮、动力源和控制装置等组成。需要灭火时，驱动气体从氮气瓶组中经减压阀减压后进入干粉储存罐中；当干粉储存罐内充满氮气后，氮气进一步驱动罐内的干粉流向干粉管道、阀门，最终经干粉炮喷出。在系统工作时，干粉储存罐和氮气瓶组都要承受较高的气体压力。因此，干粉储存罐应符合国家现行有关压力容器的设计、制造标准和法规的规定，并具有在最高使用温度条件下的安全强度。

（4）氮气瓶组作为干粉驱动装置，需要为干粉炮灭火系统正常动作并在连续供给时间内持续喷射干粉提供所需动力，属于高压容器，其制造和使用均应符合国家现行有关压力容器标准和法规的规定。高压氮气瓶组与干粉储存装置要求分开设置，可以避免干粉长时间受压和结块，干粉储存装置因长期承压而造成损坏或发生安全事故，是干粉灭火剂效能以及干粉能够按设计要求喷出的保障措施。对于贮压式干粉储存装置，分开设置还可以使罐内不必留较大的空间安置氮气瓶。

7.0.10　固定消防炮灭火系统中的阀门应设置工作位置锁定装置和明显的指示标志。

【条文要点】

本条规定了保证固定消防炮灭火系统中阀门处于准工作状态的防护性要求，防止误操作阀门，并易于识别和便于正确操作。

【实施要点】

固定消防炮系统管道上设置的阀门，主要用于控制系统中灭火介质（水、泡沫或干粉）的供给、管网调试、日常检修。在发生火灾需要启动灭火系统时，必须确保系统不因相关阀门位置不正确、误关闭等原因造成灭火介质无法输送到消防炮的喷射口，导致系统灭火失败，甚至引发管道爆裂等安全事故。系统中的阀门启闭位置不正确是常见故障之一，应采取强制的预防性措施予以避免。系统中的所有阀门均应设置阀位锁定装置和指示标志，并保证阀门在任何开度下都能正常工作。例如，常开或常闭的阀门应在其开启位置设置锁定装置并有明显的启闭位置标识，控制阀和需要启闭的阀门应设置启闭指示器。远控阀门应具有快速启闭功能，具有与远控炮系统联动控制功能的控制阀启闭信号应传至消防控制室。有关要求还可参见本指南第 2.0.3 条和第 2.0.10 条的【实施要点】。

7.0.11 自动跟踪定位射流灭火系统应符合下列规定：

1 自动消防炮灭火系统中单台炮的流量，对于民用建筑，不应小于 20L/s；对于工业建筑，不应小于 30L/s；

2 持续喷水时间不应小于 1.0h；

3 系统应具有自动控制、消防控制室手动控制和现场手动控制的启动方式。消防控制室手动控制和现场手动控制相对于自动控制应具有优先权；

4 自动消防炮灭火系统和喷射型自动射流灭火系统在自动控制状态下，当探测到火源后，应至少有 2 台灭火装置对火源扫描定位和至少 1 台且最多 2 台灭火装置自动开启射流，且射流应能到达火源；

5 喷洒型自动射流灭火系统在自动控制状态下，当探测到火源后，对应火源探测装置的灭火装置应自动开启射流，且其中应至少有一组灭火装置的射流能到达火源。

【条文要点】

本条规定了自动跟踪定位射流灭火系统的流量、持续喷水时间、系统启动及控制等的基本要求。这些要求对于保证系统灭火的有效性、可靠性至关重要。

【实施要点】

自动跟踪定位射流灭火系统的构成和分类，见本指南第 7.0.1 条【实施要点】。

（1）自动消防炮灭火系统主要用于扑救建筑内高大空间场所的可燃固体火灾，通过射流水直接作用到火源实现灭火。自动消防炮的流量大小是体现系统灭火能力高低的重要指标，流量的选择是系统设计的重要参数，对于保证系统灭火的可靠性、安全性至关重要。系统的设计流量应根据单台炮的流量和同时需要开启射流的消防炮总数确定。不同规格的消防炮有不同的额定流量，其最小流量不小于 16L/s。例如，现行国家标准《自动跟踪定位射流灭火系统技术标准》GB 51427—2021 第 4.2.5 条规定，自动消防炮灭火系统和喷射型自动射流灭火系统设计同时开启灭火装置的数量应按 2 台确定。用于扑救民用建筑内火灾的自动消防炮灭火系统，要求单台炮的流量不小于 20L/s，则系统的设计流量应为 2 台消防炮同时开启射流时的总流量，即不小于 40L/s。与民用建筑相比，工业建筑的火灾荷载较大，需要提高单台消防炮的流量，以提高灭火能力，单台炮的流量不应小于 30L/s，即系统的设计流量不应小于 60L/s。

（2）自动跟踪定位射流灭火系统具有在火灾初起、火势较小时就能自动启动灭火的特性。根据灭火试验，自动消防炮、喷射型自动射流灭火装置能在 3min 内扑灭 1A 灭火级别的火，喷洒型自动射流灭火装置能在 6min 内扑灭 1A 灭火级别的火。为了进一步提高系统供水的可靠性，确保系统在扑灭明火后具有延续喷水冷却降温防止复燃的能力，系统的持续喷水时间不应小于1.0h。

（3）自动跟踪定位射流灭火系统属于自动灭火系统，保证系统操作与控制的可靠性，十分重要，应要求系统具有自动控制和手动控制功能。

自动控制功能是系统在自动状态下能够自动完成火灾探测、报警，系统控制主机在接到火警信号并确认火灾后能自动启动消防水泵、打开自动控制阀、启动系统灭火装置射流灭火，同时启动声、光警报器和其他联动设备。

手动控制功能需要在消防控制室远程手动控制和人工现场手动控制实现。这种功能均需要由人工确认火灾后手动启动系统喷射灭火介质实施灭火。其中，消防控制室的远程手动控制由值班人员在确认火灾后通过操作消防控制室内火灾自动报警系统的联动控制装置上的启动按钮，启动消防水泵、打开控制阀门，调整灭火装置瞄准火源实施灭火。现场手动控制由着火现场人员发现火情并确认需要启动系统后，通过现场联动控制箱手动启动消防水泵、打开控制阀门，调整灭火装置瞄准火源实施灭火。手动控制相对于自动控制应具有优先权，确保任何时候均可以手动启动灭火系统。消防控制室的手动控制和现场手动控制具有同等优先权。

（4）对于自动消防炮灭火系统和喷射型自动射流灭火系统，应保证至少2台灭火装置的射流能到达被保护区域的任何一个部位。当被保护区域内发生火灾时，应有至少2台灭火装置同时启动扫描、定位火源，实施射流灭火，确保灭火的有效性。系统在自动状态下，可能出现以下三种情况：

1）有2台及以上的灭火装置同时扫描、定位到火源，能够射流到火源的2台灭火装置同时开启灭火。此时，其他灭火装置即使同样定位到火源，不论其射流是否能够到达火源，均不应开启射流。

2）有2台及以上的灭火装置开始扫描，由于灭火装置与火源的相对距离、角度不同，其中一台先定位到火源，并实施射流灭火；另一台后定位到火源，再参与射流灭火，投入射流灭火的灭火装置也是2台。此时，不应再开启第三台灭火装置。

3）有2台及以上的灭火装置开始扫描，其中一台先定位到火源，并实施射流灭火。在其他灭火装置还未定位到火源之前，火已经被扑灭，其他的灭火装置不再射流灭火。这种情况下，实际启动的灭火装置数量为1台。

因此，系统在自动状态下，启动扫描、定位的灭火装置可以是多台，但启动射流的灭火装置最多为2台。

（5）喷洒型自动射流灭火系统通过探测装置探测到着火点，发现火源的探测装置联动对应的灭火装置同时开启射流灭火；系统中探测装置和灭火装置通常为分体式安装，一台探测装置可能对应 1~4 台灭火装置，探测装置的覆盖面积往往大于灭火装置的保护区域。根据喷洒型自动射流灭火系统的特点，探测装置不具备对火源距离信息的反馈功能，有必要保证至少有一组灭火装置的射流喷洒到火源，以保证系统有效灭火。

对于喷洒型自动射流灭火系统，当某台探测装置探测到火源时，该台探测装置对应的灭火装置将会同时开启射流喷水灭火。当火灾发生在探测装置的交叉覆盖区域内时，探测到火源的两个（或多个）探测装置对应的所有灭火装置会同时开启射流。为了避免造成同时开启的灭火装置数量过大，系统控制设计应优先考虑采用探测装置与灭火装置一一对应的布置形式，使系统的设计流量不至于过大。现行国家标准《自动跟踪定位射流灭火系统技术标准》GB 51427—2021 第 4.2.6 条也规定了喷洒型自动射流灭火系统灭火装置的设计同时开启数量，要求其满足保护场所内发生火灾情况下可能同时开启的灭火装置的最大数量，同时要求不小于按作用面积计算所包含的灭火装置数量，且不大于该数量的150%。例如，当喷洒型自动射流灭火系统用于保护某室内净高为 15m 的音乐厅时，参照《自动跟踪定位射流灭火系统技术标准》GB 51427—2021 表 4.2.4"喷洒型自动射流灭火系统的设计参数"的规定，按照中危险 I 级的设计参数可计算出系统的设计流量不应小于 30L/s。采用公称流量为 5L/s 的灭火装置，则需要至少 6 只灭火装置，但同时不应超过 9 个。

8 气体灭火系统

8.0.1 全淹没二氧化碳灭火系统不应用于经常有人停留的场所。

【条文要点】

本条是设置全淹没二氧化碳灭火系统的安全性要求，以防止系统误喷或在灭火时释放二氧化碳导致人身伤害事故。

【实施要点】

（1）二氧化碳是惰性气体，其灭火主要依靠窒息作用和部分冷却作用。二氧化碳在常温、常压下呈气态存在，当储存于高压气瓶中低于临界温度31.4℃时，将以气、液两相的方式共存。在灭火过程中，二氧化碳从储存气瓶中释放出来，因压力骤降而由液态转变成气态并分布于燃烧物周围，通过稀释空气中的氧含量使燃烧的热产生率减小，以致低于热散失率而停止燃烧。同时，二氧化碳释放时因焓降而使其温度急剧下降，形成细微的固体干冰粒子，干冰吸收周围的热量而升华起到冷却燃烧物和降低周围温度的作用。

（2）二氧化碳灭火系统用于扑灭防护区内的火灾所需二氧化碳浓度高（详见本章第8.0.3条）、释放速度快，能迅速降低防护区内空气中的氧含量。这对未及时从防护区撤离的人员而言，是不安全的。在应用中应避免因系统选型和设置不合理导致系统误动作、泄漏或在系统灭火时因喷放高浓度的二氧化碳导致人身伤害事故，应严格限制在经常有人停留的场所设置全淹没二氧化碳灭火系统。

（3）经常有人停留的场所，是在工作时间有人员工作岗位或在该场所正常使用期间有人员较长时间停留、活动的场所，如有人员值守或工作的电子计算机房、图书馆的开架书库等。

8.0.2 全淹没气体灭火系统的防护区应符合下列规定：

　　1 防护区围护结构的耐超压性能，应满足在灭火剂释放和设计浸渍时间内保持围护结构完整的要求；

　　2 防护区围护结构的密闭性能，应满足在灭火剂设计浸渍时间内保持防护区内灭火剂浓度不低于设计灭火浓度或设计惰化浓度的要求；

　　3 防护区的门应向疏散方向开启，并应具有自行关闭的功能。

【条文要点】

　　本条规定了全淹没气体灭火系统的防护区为保证灭火系统有效灭火应具备的基本性能要求。

【实施要点】

　　（1）气体灭火系统由储存装置（储存容器、容器阀等）、气体灭火剂输送管道、喷头和相关阀门等组件及火灾探测与报警联动控制系统组成，管网式气体灭火系统构成示意参见图8-1。气体灭火系统按系统的构成分管网式灭火系统和预制灭火系统，按灭火介质分为七氟丙烷、IG541、IG100、IG55、二氧化碳等类型，按灭火方式分全淹没灭火系统和局部应用系统。全淹没气体灭火系统是在规定的时间内向防护区喷放设计规定用量的气体灭火剂，并使其均匀地充满整个防护区的灭火系统。

　　防护区是能满足全淹没气体灭火系统应用条件，并被其保护的封闭空间。为保证在灭火剂喷放过程中以及喷放后的灭火时间内，均能保持防护区内的可燃物全部淹没在具有所需灭火浓度的灭火剂中，采用全淹没灭火系统保护的防护区应为相对封闭的空间。这要求防护区的外围护结构应具有在灭火剂释放时及灭火期间保持其封闭的性能，主要体现在围护结构应具有一定的耐超压性能、围护结构上的门窗等开口应具有与灭火系统联动关闭或在系统启动前或同时关闭的功能。

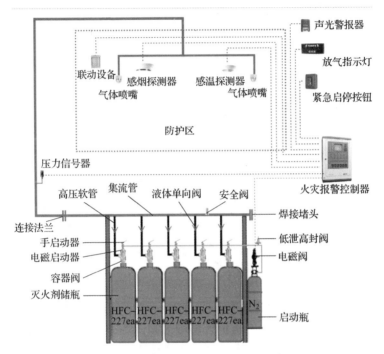

图 8-1 管网式气体灭火系统构成示意图

（2）防护区的围护结构应具有一定的耐超压性能。全淹没气体灭火系统在释放灭火剂时会增加防护区内气体的体积，加之火灾燃烧使室内温度升高导致空间内的压力升高。该压力高出外部大气压部分的压差将会直接作用于围护结构上。因此，防护区的围护结构应具备抵抗这部分超压的能力，避免防护区的封闭性能受到破坏而造成灭火剂流失、灭火失败乃至火灾蔓延。防护区内的超压值可以根据灭火浓度、灭火剂的成分和合理设定的火场温度通过计算确定，可以简化地利用克拉伯龙方程（$PV=nRT$）计算。现行国家标准根据试验结果规定了一些场所围护结构应达到的耐超压建议值。例如，《气体灭火系统设计规范》GB 50370—2005 第 3.2.6 条规定，防护区围护结构承受内压的允许压强（防护区内外气体的压力差）不宜低于 1 200Pa。《二氧化碳灭火系统设计规范》GB 50193—93（2010 年版）第 3.1.2 条规定，防护区的围护结构及门、窗的允许压强不宜小于 1 200Pa。

以七氟丙烷为例，向一个完全密闭的防护区内施放七氟丙烷并可形成 8% 体积浓度的七氟丙烷，空间内的压强也随之升高，压强的升高程度与空间的密闭性和施放的灭火剂浓度有关。此外，灭火剂增压用氮气也将进入防护区引起压力升高，但这一压力升高值较小，一般可忽略不计。假定防护区施放七氟丙烷时温度不变，则空间内的压力升高值可通过理想气体状态方程和克拉伯龙方程转化为下式计算：

$$P_v = \varphi P_0 \approx \varphi \times 10^5 \qquad (8\text{-}1)$$

式中：P_v——防护区内的压强升高值（Pa）；

P_0——标准大气压（Pa）；

φ——灭火剂的浓度（%，V/V）。

当一个完全密封的防护区内的七氟丙烷为 8% 体积浓度时，根据上式计算可得空间内的压强将增加 8 000Pa，远超过围护结构承受内压的允许压强，如不开设泄压口，围护结构将被破坏，在实际条件下还应把门窗的缝隙影响考虑进来。

需要指出的是，现行国家标准《气体灭火系统设计规范》GB 50370—2005 中规定的"热气溶胶灭火剂"严格意义上不属于气体灭火剂，该类灭火剂在释放过程中所产生的室内超压小，对围护结构的影响可以不考虑。因此，采用热气溶胶灭火系统保护的防护区，其围护结构不需要考虑耐超压的性能。

（3）防护区的围护结构在超过外部大气压的情况下仍应具有良好的密闭性能，要求在防护区的围护结构上尽量不设置开口，不应设置敞开的孔洞。考虑到气体灭火剂多为密度大于空气密度的气体，需要设置的工艺开口、门、窗和通风空调系统的风口和阀门，除要满足上述耐超压性能要求外，还应具有自动关闭（如与火灾自动报警系统或灭火系统的启动装置联动关闭）和手动关闭的功能，保证其在灭火系统启动前或同时关闭，避免灭火剂流失，影响系统的灭火效果；开口不应位于防护区的下部和底部，应尽量位于被保护对象高度以上。

（4）对于围护结构密闭性能良好的防护区，当门窗的缝隙泄露不能满足泄压要求或围护结构的耐压强度经验算不能耐受灭火剂喷放后产生的超压时，要在围护结构的上部设置必要的泄压口。同时，在灭火剂喷放量中补偿在喷放过程中从泄压口流失的灭火剂量，可以不考虑灭火浸渍时间内的灭火剂流失量。但对于浸渍时间要求大于 10min 的灭火系统，当防护区的门窗缝隙较大、密闭性能较差时，应在灭火剂用量中补偿这些部位的泄漏量。防护区的密闭性能可以利用《建筑物气密性测定方法　风扇压力法》GB/T 34010—2017 规定的方法测试。

（5）防护区的门应朝疏散方向开启，并应具有自行关闭的功能。这既是防止防护区流失灭火剂的要求，也是保证防护区内的人员在火灾时能尽快撤离火场的安全性要求。

8.0.3 全淹没气体灭火系统的设计灭火浓度或设计惰化浓度应符合下列规定：

1　对于二氧化碳灭火系统，设计灭火浓度应大于或等于灭火浓度的 1.7 倍，且应大于或等于 34%（体积百分比浓度）；

2　对于其他气体灭火系统，设计灭火浓度应大于或等于灭火浓度的 1.3 倍，设计惰化浓度应大于或等于惰化浓度的 1.1 倍；

3　在经常有人停留的防护区，灭火剂释放后形成的浓度应低于人体的有毒性反应浓度。

【条文要点】

本条规定了全淹没气体灭火系统的设计灭火浓度、设计惰化浓度要求，是确定系统灭火剂用量和灭火剂储存量的基本参数。

【**实施要点**】

（1）气体灭火剂可用于灭火，也可用于抑爆。气体灭火剂的灭火浓度是在试验条件下扑灭某种物质火所需灭火剂的最低浓度，惰化浓度是在试验条件下能抑制任意浓度可燃气体或蒸气发生闪爆后不会发生持续爆炸所需灭火剂的最低浓度。采用气体灭火系统保护的防护区，应考虑灭火剂喷放后浓度实际分布的不完全均匀性、喷放过程中的损失等因素，在设计灭火剂用量和喷放量时需要在灭火剂的灭火浓度或惰化浓度的基础上考虑一定的冗余系数，即相应灭火浓度或惰化浓度乘以一定安全系数后的浓度，也即应采用设计灭火浓度或设计惰化浓度计算。例如，甲烷的七氟丙烷灭火浓度为 6.2%（V/V），则其七氟丙烷设计灭火浓度应为 $6.2\% \times 1.3 \approx 8.1\%$（$V/V$），设计惰化浓度应为 $6.2\% \times 1.1 \approx 6.9\%$（$V/V$）。

（2）设计灭火浓度或设计惰化浓度是气体灭火系统确定一次灭火所需灭火剂用量的基础，需要根据试验获得的灭火浓度或惰化浓度确定。在设计灭火浓度或设计惰化浓度中考虑的安全系数，应根据灭火剂的种类、灭火系统的类型、输送管网的大小、防护区的几何特性和容积、物质的火灾特性（特别要关注固体物质火是否存在发展为深位火的可能）等综合确定，并且不应低于本条规定的数值。

1）对于全淹没二氧化碳灭火系统，设计灭火浓度应大于或等于灭火浓度的 1.7 倍，且二氧化碳的设计灭火浓度最低不应小于 34%（V/V）。不同物质的二氧化碳设计灭火浓度，可参见现行国家标准《二氧化碳灭火系统设计规范》GB 501193—93（2010年版）附录 A 的规定。

2）对于七氟丙烷灭火系统、IG541 混合气体灭火系统，灭火浓度可参见现行国家标准《气体灭火系统设计规范》GB 50370—2005 的规定。例如，该标准第 3.3.2 条规定了七氟丙烷灭火系统扑救固体物质表面火灾的灭火浓度为 5.8%（*V/V*），扑救其他物质火灾的灭火浓度和惰化浓度见附录 A；第 3.3.3 条 ~ 第 3.3.5 条还规定了特定防护区的设计灭火浓度。

3）对于现行相关技术标准未给出灭火浓度或惰化浓度的保护对象或物质，应通过试验验证确定。有关浓度测试方法，见国家标准《气体灭火剂灭火性能测试方法》GB/T 20702—2006。

（3）对于经常有人停留的防护区，应考虑灭火剂本身及热解产物对人身健康和安全的毒害作用。当灭火剂释放后形成的浓度对人体有毒性作用时，应该严格控制在经常有人停留的防护区使用此类灭火剂，应更换对人体毒性更小或无毒性的灭火剂。经常有人停留的防护区，参见本章第 8.0.1 条【实施要点】。

8.0.4 一个组合分配气体灭火系统中的灭火剂储存量，应大于或等于该系统所保护的全部防护区中需要灭火剂储存量的最大者。

【实施要点】

（1）组合分配气体灭火系统（简称组合分配系统）是用一套气体灭火剂储存装置保护 2 个及 2 个以上防护区或保护对象的系统，参见图 8-2。因此，组合分配系统中的灭火剂储存量，应能满足其中任意一个防护区灭火或惰化所需灭火剂用量，必须按照该组合分配系统保护的所有防护区中需要灭火剂用量最大的一个防护区的用量确定。灭火剂的用量与防护区面积或体积有一定关系，但体积最大的防护区所需灭火剂用量不一定是最大者。灭火剂的用量还与防护对象的火灾特性和所需灭火浓度或惰化浓度密切相关，需要在计算该系统中所有防护区的灭火剂用量后，经比较确定。例如，设置一套组合分配七氟丙烷气体灭火系统保护两个通信机房，机房 A 室内长 14m、宽 7m、高 3.2m，保护空间实际容积为 313.6m^3；机房 B 室内长 6.5m、宽 5m、高 3.2m，保护空间实际容积为 104m^3。可依据下式计算灭火剂设计用量：

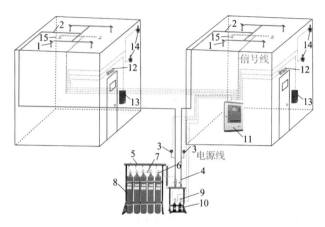

1—喷嘴；2—管道；3—压力信号器；4—选择阀；5—集流管；6—容器阀；7—单向阀；
8—储存容器；9—启动装置；10—氮气瓶；11—火灾报警控制器；12—放气指示灯；
13—紧急启停按钮；14—声光警报器；15—火灾探测器。

图 8-2　组合分配气体灭火系统构成示意图

$$W=K \cdot \frac{V}{S} \cdot \frac{C}{100-C} \qquad （8-2）$$

式中：W——灭火设计用量或惰化设计用量（kg）；

　　　K——海拔高度修正系数；

　　　V——防护区净容积（m³）；

　　　S——灭火剂过热蒸气在 101kPa 大气压和防护区最低环境
　　　　　　温度下的质量体积（m³/kg）；

　　　C——灭火设计浓度或惰化设计浓度（%，V/V）。

　　根据现行国家标准《气体灭火系统设计规范》GB 50370—
2005 的规定，灭火设计浓度 C 取 8%（V/V），海拔高度修正系数
K 取 1。经计算，机房 A 的灭火剂设计用量为 198.8kg，机房 B
的灭火剂设计用量为 65.9kg。因此，机房 A 需用 100L 的 JR-100/54
储存容器 3 具，机房 B 需用 100L 的 JR-100/54 储存容器 1 具，则此
组合分配七氟丙烷气体灭火系统共需选用 100L 的 JR-100/54 储存容
器 3 具。

　　一套气体灭火系统的灭火剂储存量，包括其灭火或惰化设计用量（灭火或惰化用量与流失补偿量之和）、储存容器和管网内的灭火剂剩余量。因此，上例中的计算结果是设计灭火用量，而实际储存量还需加上储存容器及灭火剂输送管网中的灭火剂剩余量。

　　（2）采用组合分配系统保护的防护区，一次只能保护一个防护区，这些防护区应为按照同一时间只发生1次（处）火灾设防的防护区，且着火的防护区火灾具有不会蔓延至其他防护区的性能。当多个防护区在同一时间可能发生多次（处）火灾或不能防止火灾在防护区之间蔓延时，不应采用组合分配系统。通常需要根据保护对象的重要性和火灾危险性确定相应的设防标准，即确定一个组合分配系统可以保护的防护区数量。一般，组合分配系统应设置灭火剂备用储存量。

8.0.5　灭火剂的喷放时间和浸渍时间应满足有效灭火或惰化的要求。

【实施要点】

　　（1）灭火剂的喷放时间是影响系统能否有效灭火或阻止可燃气体或蒸气、粉尘爆炸进一步发展的关键因素，该时间应为自系统管网中全部喷嘴开始喷放灭火剂至其中任意一只喷嘴结束喷射灭火剂的时间。灭火剂的浸渍时间是防止火灾复燃，确保成功灭火的关键因素，它是防护区内所有被保护对象完全浸没在保持灭火剂灭火浓度或惰化浓度的混合气体中的时间，该时间应自灭火剂喷放结束时算起。灭火剂的浸渍时间主要针对全淹没灭火系统而言，局部应用系统采用局部高浓度灭火剂灭火，不要求浸渍时间。灭火剂的喷放时间和浸渍时间应根据防护对象的物质燃烧或爆炸特性、空间几何特性和容积大小、灭火剂的种类根据试验结果确定。

　　不同气体灭火系统和扑救不同物质火灾的喷放时间和浸渍时间，可参见现行相关技术标准的规定。例如，现行国家标准《气体灭火系统设计规范》GB 50370—2005 第 3.3.7 条规定，采用七氟丙烷灭火系统的设计喷放时间，对于通信机房和电子计算机房等，不应大于 8s；对于其他防护区，不应大于 10s。第 3.3.8 条规定，七氟丙烷灭火剂的浸渍时间，对于木材、纸张、织物等固体表面火灾，不宜小于 20min；对于通信机房等电气设备火灾，不宜小于 5min；对于其他固体表面火灾，不宜小于 10min；对于气体和液体火灾，不宜小于 1min。第 3.4.3 条规定 IG541 气体灭火系统当灭火剂喷放至设计用量的 95% 时，喷放时间不应大于 60s，且不应小于 48s。《二氧化碳灭火系统设计规范》GB 50193—93（2010年版）第 3.2.8 条规定，全淹没灭火系统二氧化碳的喷放时间不应大于 1min，当扑救固体深位火灾时，不应大于 7min，并应在前 2min 内使二氧化碳的浓度达到 30%；第 3.3.2 条规定，局部应用灭火系统的二氧化碳喷射时间不应小于 0.5min，对于燃点温度低于沸点温度的液体和可熔化固体的火灾，不应小于 1.5min。

（2）惰性气体灭火剂主要依靠稀释氧产生的窒息效应灭火，化学气体灭火剂主要依靠灭火剂夺取燃烧过程中活性基团，中断燃烧的链式反应灭火。在灭火剂到达可燃物表面后形成灭火浓度越早，灭火效果越好，特别是对于容易发展成深位火的固体物质火灾，更要求保证其喷射时间。对于惰化应用的灭火系统，要实现灭火剂的惰化效果，必须在数十毫秒的时间内就达到所需惰化浓度才能终止可燃气体、蒸气或粉尘的爆炸。惰化保护方式对火灾探测与联动控制系统、灭火剂喷放系统的要求都很高。

当通过优化灭火系统设计仍不能保证灭火剂的喷放时间时，采用气体灭火系统保护难以获得应有的保护效果，应考虑采取其他灭火方式防护。

8.0.6 用于保护同一防护区的多套气体灭火系统应能在灭火时同时启动，相互间的动作响应时差应小于或等于 2s。

【条文要点】

本条规定针对全淹没气体灭火系统，基于当前产品的性能和相关试验成果确定了系统的动作响应时间差不应大于2s,是确保采用多套气体灭火系统用于保护一个容积较大的防护区能可靠实现灭火的关键性能要求。

【实施要点】

全淹没气体灭火系统及时、有效灭火的前提,是防护区内各处必须在灭火剂的喷射时间内达到灭火浓度,并能使可燃物或保护对象完全浸没在此浓度内维持一定时间,而确保用于保护同一防护区的灭火剂同步喷放是关键。

(1)采用气体灭火系统保护的防护区,比较经济合理的容积:对于管网系统,不宜大于3 600m³;对于预制灭火系统,不宜大于1 600m³。对于一个空间容积较大且需要采用气体灭火系统保护的防护区,当为满足喷射时间和浓度分布均匀的要求采用多套灭火系统保护时,必须保证在系统启动后的喷射时间内防护区内各处的灭火剂浓度能达到灭火所需浓度。这样的防护区多采用管网式全淹没灭火系统保护。

气体灭火系统的设计喷射时间较短,因灭火剂类型和扑救的火灾种类而有所差异,短则8s,最长90s,参见本章第8.0.5条【实施要点】。这要求保护同一防护区的多套灭火系统应具有较高的同步启动和释放灭火剂的性能,独立的每组灭火剂储存装置与其他组灭火剂储存装置的启动时间差不应大于2s。

(2)在实际工程中,还存在没有条件采用管网式气体灭火系统保护的防护区,需要采用预制式气体灭火系统分散布置的方式防护,如洁净电子厂房中的机柜。预制式气体灭火系统是根据确定的应用条件将灭火剂储存装置和喷放组件等预先设计、组装成套且具有联动控制功能的灭火系统,一般没有灭火剂输送管道,或者管道很短,只带1只~2只喷嘴,分柜式和悬挂式预制灭火系统两种类型。无管网式预制气体灭火系统构成见图8-3。此类型的灭火系统往往灭火剂储存装置数量多且相互独立启动,对同步启动的性能要求更高。

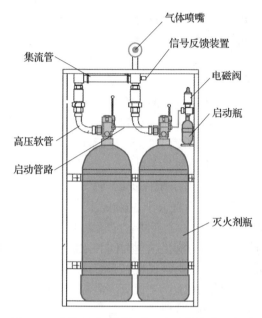

图 8-3　无管网式预制气体灭火系统构成示意图

8.0.7　全淹没气体灭火系统的喷头布置应满足灭火剂在防护区内均匀分布的要求，其射流方向不应直接朝向可燃液体的表面。局部应用气体灭火系统的喷头布置应能保证保护对象全部处于灭火剂的淹没范围内。

【条文要点】

　　本条是保证气体灭火剂能在防护区或保护对象周围的设定空间内快速达到灭火浓度，防止因喷头布置不合理导致火灾扩大的基本要求。

【实施要点】

　　（1）如本章第 8.0.2 条【实施要点】所述，全淹没气体灭火系统需要在较短的时间内使防护区内的可燃物或保护对象处于浓度不低于灭火浓度的灭火剂浸没中，并保持一定时间才能有效灭火且不会复燃。

气体灭火系统通过喷头将具有一定压力的气体灭火剂喷向防护区，要求系统的管网分布较均衡，使各支管末端的压力基本一致，且不低于喷头的最小工作压力，才能确保喷头的流量基本一致；要求喷头的布置较均匀，喷头之间的间距基本一致，才能保证灭火剂均匀分布并能快速在空间内形成所需灭火浓度。喷头的布置间距受其安装高度、工作压力和周围障碍物的影响，需要统筹考虑。

（2）气体灭火系统启动后在喷头处的工作压力较高，灭火剂经过喷头孔口向外喷射的气体为具有一定动量的射流气体。当防护对象为储存可燃液体的敞口容器（如生产过程中的淬火油槽）时，要避免喷头的射流方向直接朝向可燃液体的表面，防止射流引起可燃液体飞溅及汽化，造成火势扩大蔓延。

（3）局部应用灭火系统是在规定的时间内向保护对象以设计喷射率直接喷射气体灭火剂，在保护对象周围形成局部高浓度，并持续一定时间的灭火系统。该灭火方式是针对一个场所内局部某些具体保护对象的火灾实施全淹没方式的灭火，系统只需要向在保护对象周围假定的一个包围保护对象的空间内喷放灭火剂即可，但要补偿喷放时向该假定空间外扩散流失的灭火剂。因此，局部应用灭火系统的喷嘴应围绕保护对象布置，并应使喷嘴能直接向保护对象喷射灭火剂，使喷放的灭火剂快速达到大大高于其灭火浓度的浓度，保证假定防护空间内的灭火剂在灭火时间内浓度始终不低于灭火浓度。

（4）全淹没气体灭火系统和局部应用灭火系统的喷头布置，均需要避免障碍物遮挡或影响其射流的分布。

8.0.8 用于扑救可燃、助燃气体火灾的气体灭火系统，在其启动前应能联动和手动切断可燃、助燃气体的气源。

【条文要点】

本条是保证气体灭火系统能有效扑救可燃气体、助燃气体火灾，从根本上防止可燃气体火灾复燃、阻止助燃气体加剧火势，消除可燃气体爆炸危险的基本要求。

【实施要点】

（1）气体灭火系统具有快速扑灭可燃气体（如天然气、液化石油气等）火灾的性能；对于助燃气体（如氧气、氯气等），其灭火速率和有效性与实际燃烧的可燃物类型相关。气体灭火系统尽管能够较快速地扑灭可燃气体的火灾，但如不关闭该场所的可燃气体或助燃气体的气源，则存在灭火后引发爆炸的危险和复燃的隐患，这同样是不允许的。

（2）在存在可燃气体火灾或助燃气体供给的防护区内和防火区外输送可燃气体或助燃气体的管道上，应设置应急切断阀。防护区内的气体灭火系统或与气体灭火系统联动的火灾自动报警系统应具备联动控制切断应急切断阀的功能，同时，还应在应急切断阀上设置能够手动关断阀门的装置，以备自动控制失效时仍可以关断气源。

8.0.9 气体灭火系统的管道和组件、灭火剂的储存容器及其他组件的公称压力，不应小于系统运行时需承受的最大工作压力。灭火剂的储存容器或容器阀应具有安全泄压和压力显示的功能，管网系统中的封闭管段上应具有安全泄压装置。安全泄压装置应能在设定压力下正常工作，泄压方向不应朝向操作面或人员疏散通道。低压二氧化碳灭火系统的安全泄压装置应通过专用泄压管将泄压气体直接排至室外。高压二氧化碳储存容器应设置二氧化碳泄漏监测装置。

【条文要点】

本条规定了气体灭火系统的管道、组件、灭火剂储存容器及其他组件有关安全的性能和功能要求，确保系统在安装、调试、运行、维护和施放灭火剂时能够安全运行，不会造成人身伤害和重要设施设备损伤等事故。

【实施要点】

（1）气体灭火系统的工作压力大多为中、高压，灭火剂需要储存在压力容器内，有的系统需要采用独立的气瓶储存高压氮气启动和驱动灭火剂喷放，灭火剂在进入阀门和管网后仍具有较高压力。在选择系统管道、组件、灭火剂的储存容器及其他组件时，应确保其公称压力不小于系统运行时需承受的最大工作压力。不同类型灭火剂的系统，该最大工作压力不同；不同运行环境温度下的最大工作压力也有差异。系统运行时需承受的最大工作压力，应根据相应类型灭火剂的系统在运行时可能存在的最高环境温度经计算确定，有的系统部件或组件的工作压力在国家相应的技术标准中有明确规定。例如，现行国家标准《二氧化碳灭火系统设计规范》GB 50193—93（2010 年版）规定，高压二氧化碳灭火系统储存容器的工作压力不应小于 15.0MPa，管道及其附件应能承受最高环境温度下二氧化碳的储存压力；低压二氧化碳灭火系统储存容器的设计压力不应小于 2.5MPa，管道及其附件应能承受 4.0MPa 的压力。

（2）气体灭火系统的灭火剂储存容器需要长期中高压储存灭火剂，有的储存容器的容器阀也需要同时承受相同的压力（这与容器阀的结构有关）。除 IG100、IG55、IG541 等惰性气体灭火剂外，二氧化碳、七氟丙烷等灭火剂储存容器内的压力会随温度变化而变化，温度越高容器内部的压力越高，有的变化范围还较大。系统中的封闭管段，主要为启动气体储瓶与灭火剂储存容器或容器阀之间的管道、灭火剂储存容器或容器阀与选择阀之间的管道（如组合分配系统的集流管）。这些管道在系统发生误动作释放灭火剂或驱动气体，或系统正常启动后容器阀或选择阀不能正常打开时，容易因高压气体积聚而发生意外。另外，灭火剂储存容器在充装或维护补充灭火剂时，也可能发生超压现象。因此，灭火剂的储存容器或容器阀必须具有在超过其最大工作压力时紧急泄压的装置或功能，在系统中的封闭管段上必须设置安全泄压装置，防止因高压导致意外伤害事故。

安全泄压装置的动作压力，应根据相应类型气体灭火剂的储存压力、储存温度、管道的设计最大工作压力、管道和储存容器或容器阀的公称压力经计算后确定。不同类型气体灭火系统的上述压力可以根据国家相关技术标准的规定确定。例如，现行国家标准《气体灭火系统设计规范》GB 50370—2005 第 4.1.4 条规定，在储存容器或容器阀和组合分配系统的集流管上应设置安全泄压装置；第 4.2.1 条规定，IG541 灭火系统灭火剂储存容器或容器阀和组合分配系统集流管上安全泄压装置的动作压力，充压 15.0MPa 的系统应为（20.7±1.0）MPa，充压 20.0MPa 的系统应为（27.6±1.4）MPa。《二氧化碳灭火系统设计规范》GB 50193—93（2010 年版）第 5.1.1 条规定，高压二氧化碳灭火系统储存容器或容器阀上应设置安全泄压装置，其泄压动作压力应为（19±0.95）MPa；第 5.1.1A 条规定，低压二氧化碳灭火系统储存容器上应至少设置 2 套安全泄压装置，其泄压动作压力应为（2.38±0.12）MPa；第 5.3.3 条规定，管网中阀门之间的封闭管段上应设置泄压装置，其泄压动作压力，高压系统应为（15±0.75）MPa，低压系统应为（2.38±0.12）MPa。

（3）安全泄压装置的结构型式有多种，本规范不强制要求采用何种型式，但均要求具有达到设定泄压压力时自动泄压、在设定泄压动作压力以下能保持正常密封性能的功能，其泄压方向不应朝向操作面或人员疏散通道，防止泄压时的中、高压气流冲向操作人员或现场其他人员，以确保人身安全。对于二氧化碳等可能导致人员窒息或中毒的灭火剂，应将安全泄压装置泄放的灭火剂导向室外安全地点，不应直接泄放至室内。

（4）二氧化碳的灭火浓度较高，其最低设计灭火浓度不小于 34%（V/V），在储存过程中的二氧化碳流失对灭火效果影响大。在正常运行状态下，高压二氧化碳灭火系统依靠二氧化碳自身的饱和蒸气压储存在容器内，二氧化碳的泄漏难以通过观察压力变化监测，需要设置称重装置等质量监测装置监测储存容器内二氧化碳的泄漏。低压二氧化碳灭火系统依靠制冷系统保持低温储存，正常运行状态下容器内的气相二氧化碳少且压力低，基本不存在泄漏现象，可以不监测其泄漏情况。

8.0.10 管网式气体灭火系统应具有自动控制、手动控制和机械应急操作的启动方式。预制式气体灭火系统应具有自动控制和手动控制的启动方式。

【条文要点】

自动灭火系统一般应具备自动控制、手动控制和机械应急操作三种基本启动方式。本条规定了气体灭火系统应具备的基本启动方式，以提高系统启动的可靠性，确保在火灾时能及时启动系统喷放灭火剂并实施灭火。

【实施要点】

（1）自动启动方式需要灭火系统与火灾自动报警系统联动。当灭火系统处于自动启动状态时，在火灾探测器发出火灾信号后，火灾报警与联动控制系统自动联动启动灭火系统的执行机构和相关控制阀后施放气体灭火剂。在实际应用中，为了提高系统的可靠性，尽可能避免火灾探测器误报导致系统在自动启动状态下发生误动作，通常在防护区内设置两种不同类型或两组独立回路的火灾探测器。气体灭火系统的联动控制装置只有在接到两个独立的火灾信号后，才发出启动灭火系统的联动指令。气体灭火系统联动控制自动启动示意参见图8-4。

（2）手动启动方式需要人员在消防控制室操作控制按钮远程启动，或人工操作在防护区内、外附近的手动启动按钮或操作机构。当灭火系统处于手动状态时，在火灾自动报警系统探测到火情并发出火灾报警信号，由人员确认火情后在消防控制室操作远程启动控制按钮启动灭火系统，或者在防护区或保护对象附近的人员发现火情后，直接启动位于防护区内（或防护区外）、防护对象附近的手动启动按钮启动灭火系统。手动启动装置通常设置在靠近防护区外或保护对象附近的墙体上，以保证人员能够及时安全操作。手动启动装置还应设置明显的标识，以便人员识别和操作，防止误操作。在有人值守的场所，一般将灭火系统设置在手动启动的工作状态。

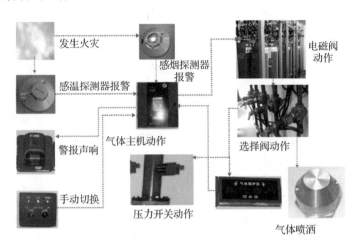

图8-4　气体灭火系统联动控制自动启动示意图

（3）机械应急操作启动方式是对自动控制和手动控制启动方式全部失灵情况下的备用启动方式。机械应急操作方式需要人员直接开启气体灭火剂启动阀（如启动瓶的瓶头阀、灭火剂储存容器的容器阀）和相应的控制阀（如选择阀）施放灭火剂。

（4）管网式气体灭火系统和预制式气体灭火系统均属于自动灭火系统，应具备上述三种启动方式。预制式灭火系统一般也应具备自动控制、手动控制和机械应急操作三种启动方式，但其设置方式依据系统大小和防护对象不同而有多种形式，大多直接设置在防护区内，少数设置在防护区外。前者采用机械应急操作启动方式，会给人员带来一定人身安全危险；后者应设置机械应急操作启动的装置。因此，预制式灭火系统是否要求具备机械应急操作启动方式，可以根据系统的实际设置情况确定，不强制要求，但应至少具备自动控制和手动控制两种启动方式。

9 干粉灭火系统

9.0.1 全淹没干粉灭火系统的防护区应符合下列规定：

1 在系统动作时防护区不能关闭的开口应位于防护区内高于楼地板面的位置，其总面积应小于或等于该防护区总内表面积的 15%；

2 防护区的门应向疏散方向开启，并应具有自行关闭的功能。

【条文要点】

本条是对防护区的基本性能要求，该要求是全淹没干粉灭火系统能否有效灭火的保障。

【实施要点】

（1）干粉灭火系统是通过干粉供应装置、输送管道和喷头，或通过干粉输送软管与干粉枪或干粉炮连接，并经喷头、干粉枪或干粉炮喷放干粉的灭火系统，按应用方式分为全淹没灭火系统和局部应用灭火系统。全淹没干粉灭火系统的构成示意参见图 9-1。

全淹没灭火系统适用于保护一个相对封闭空间内各处或有多个保护对象均需采用干粉灭火系统保护且空间容积合适的场所。全淹没干粉灭火系统对防护区的要求类似于全淹没气体灭火系统，也需要在防护区内形成均匀的灭火浓度才能有效灭火。干粉灭火剂的主要灭火机理为通过阻断燃烧链反应起到化学抑制的作用，但是干粉灭火剂的弥散度较气体灭火剂差，需要通过氮气等驱动气体驱动和混合。

在系统喷放灭火剂的过程中，干粉与驱动气体混合物的密度较空气的密度大，喷放干粉过程中会在防护区内产生一定的超压现象，但超压作用不明显。因此，对防护区的封闭性能要求较气体灭火系统要低些，允许在防护区的围护结构上开口，也允许在喷放干粉灭火剂过程中不关闭通风系统，但一般应保证其中不能关闭的开口位于防护区所有保护对象或可燃物被干粉与空气的混合物浸没的高度以上，不允许设置在楼地面上或靠近楼地面的下部位置，开口大小应符合本条的规定。当不可关闭的开口面积超过防护区总内表面积的 15% 时，应采用局部应用系统保护。防护区是由围护结构以及门、窗构成的封闭空间，其总内表面积应为该防护区室内的墙面、顶棚和楼地面面积之和（包括开口的面积）。对于不能关闭的开口、通风所导致的灭火剂流失应在喷放时予以补偿，即加大喷射速率。

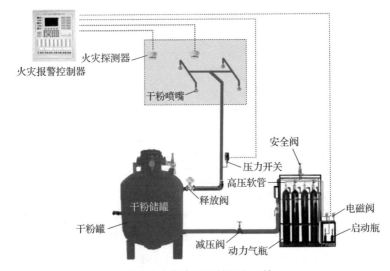

图 9-1 全淹没干粉灭火系统
构成示意图

需要注意的是，尽管现行国家标准《干粉灭火系统设计规范》GB 50347—2004 第 3.1.2 条规定，防护区采用的门、窗的耐火极限不应小于 0.50h，允许压力不宜小于 1 200Pa，但围护结构的该耐超压性能要求不是要考虑的主要性能。

（2）其余实施要点，参见本指南第 8.0.2 条【实施要点】。

9.0.2 局部应用干粉灭火系统的保护对象应符合下列规定：

1 保护对象周围的空气流速应小于或等于 2m/s；

2 在喷头与保护对象之间的喷头喷射角范围内不应有遮挡物；

3 可燃液体保护对象的液面至容器缘口的距离应大于或等于 150mm。

【条文要点】

本条是对保护对象及其环境条件的基本要求，以保证局部应用干粉灭火系统有效灭火，防止火势蔓延扩大导致灭火困难。

【实施要点】

（1）局部应用干粉灭火系统是通过喷头直接向保护对象表面喷射灭火剂实施灭火的系统，适用于保护封闭空间的某一局部区域或其中个别或少数设备等保护对象、或室外特定保护对象等，如保护建筑内某一处电气设备、可燃液体的敞顶罐或油槽等。

（2）局部应用干粉灭火系统需要以较高喷射强度和速率（如对于 DN25 的管道，喷射速率不小于 1.5kg/s）将干粉灭火剂直接喷射到保护对象周围，在保护对象表面建立灭火浓度，并同时在保护对象的表面形成干粉覆盖层实施灭火。本条对保护对象环境风速的限制，主要针对室外保护对象，防止风速过大导致灭火剂在到达保护对象的燃烧火焰或表面前流失，影响灭火效果。需要注意的是，本条要求的环境风速只是一个最大值，而不同喷射强度和喷射速率的干粉灭火系统对环境空气流动速率的要求不同，实际工程应用需要根据试验结果确定。

局部应用系统的喷头要求设置在保护对象周围，并应能使保护对象处于喷头的喷射覆盖范围内，在喷射角范围内应无影响喷射强度和覆盖保护对象的遮挡物。

（3）局部应用系统要求干粉喷放速率大，并且需要直接向保护对象喷射干粉灭火剂，所喷放干粉与驱动气体的混合物具有较大动能。当该类系统用于扑救敞口容器的可燃液体火灾时，液面与容器缘口的距离应能避免在喷射干粉灭火剂时使可燃液体飞溅至容器外，防止火势蔓延。

9.0.3 干粉灭火系统应保证系统动作后在防护区内或保护对象周围形成设计灭火浓度，并应符合下列规定：

　　1 对于全淹没干粉灭火系统，干粉持续喷放时间不应大于30s；

　　2 对于室外局部应用干粉灭火系统，干粉持续喷放时间不应小于60s；

　　3 对于有复燃危险的室内局部应用干粉灭火系统，干粉持续喷放时间不应小于60s；对于其他室内局部应用干粉灭火系统，干粉持续喷放时间不应小于30s。

【条文要点】

　　干粉持续喷放时间是影响干粉灭火系统灭火成功与否的关键因素，不同场所和不同类型干粉灭火系统所需持续喷放时间不同，该时间应经试验确定。

【实施要点】

　　（1）干粉灭火系统可以用于扑救灭火前可切断气源的气体火灾、可燃液体火灾、可燃固体的表面火灾和带电设备火灾。

　　如前所述，全淹没干粉灭火系统依靠喷入防护区内的干粉在短时间内建立足够的灭火浓度实现灭火。只要没有在防护区内建立灭火浓度，无论持续喷放多长时间以及喷放多少量的干粉灭火剂，都不能取得良好的灭火效果。因此，全淹没灭火系统不仅对灭火浓度有要求，而且对形成灭火浓度的时间要求高，必须在规定的时间内（英国和我国现行相关技术标准均规定为30s，本条规定不应大于30s）将灭火所需用量的干粉全部喷放完毕才可能在防护区内建立所需灭火浓度。本条规定的全淹没干粉灭火系统的持续喷放时间，是系统从全部喷头开始喷放干粉灭火剂至其中任一喷头喷放气体时的时间。

　　（2）室外保护对象采用局部应用干粉灭火系统保护时，虽然对应用场所的环境风速有所要求，但喷放的干粉灭火剂仍可能受到风速的影响，存在降低灭火效果，存在复燃的隐患。室内存在高温部位或可燃液体火灾的保护对象采用局部应用系统保护时，也存在复燃的隐患。加之干粉的灭火机理不具备冷却的作用，因此，要求延长其灭火时间，即延长干粉的喷放时间，要求干粉的持续喷放时间不应小于 60s。

9.0.4 用于保护同一防护区或保护对象的多套干粉灭火系统应能在灭火时同时启动，相互间的动作响应时差应小于或等于 2s。

【实施要点】

有关实施要点，参见本指南第 8.0.6 条【实施要点】。

9.0.5 组合分配干粉灭火系统的灭火剂储存量，应大于或等于该系统保护的全部防护区中需要灭火剂储存量的最大者。

【实施要点】

有关实施要点，参见本指南第 8.0.4 条【实施要点】。

9.0.6 干粉灭火系统的管道及附件、干粉储存容器和驱动气体储瓶的性能应满足在系统最大工作压力和相应环境条件下正常工作的要求，喷头的单孔直径应大于或等于 6mm。

【条文要点】

本条是对干粉灭火系统中灭火剂输送管道、管道连接件、储存容器和驱动气体储存容器、容器阀和管路上的控制阀、喷头等的耐压性能、耐腐蚀性能或防腐蚀处理后的性能，以及控制组件的防尘、防水性能的要求。

【实施要点】

（1）干粉灭火系统中灭火剂输送管道、管道连接件和管路上的控制阀、喷头等应根据系统的最高工作压力选择管材和管件的压力等级，储存容器和驱动气体储存容器、容器阀应根据系统的最大储存压力选择容器和容器阀的压力等级。干粉灭火剂输送一般采用高压氮气，系统采用开式喷头。因此，环境温度对系统工作压力的影响不大，系统的最大工作压力是其管道水力计算的最大值，一般可采用干粉储存容器的出口压力，喷头可采用喷头处的压力计算值。

干粉储存容器和驱动气体储瓶连同集流管、瓶头阀等其他部件一起，构成了干粉灭火系统的储存装置，一般设置在防护区附近的专用储存间内。干粉储存容器和驱动气体储瓶应为受压容器，干粉储存容器的设计压力一般取1.6MPa或2.5MPa压力级。有关储存间的要求可参见国家相关技术标准的规定。例如，现行国家标准《干粉灭火系统设计规范》GB 50347—2004第5.1.3条和第5.1.4条规定，储存装置的布置宜避免阳光直射，专用储存装置间应靠近防护区，并保持干燥和良好通风和应急照明，环境温度应为 $-20℃ \sim 50℃$。

（2）干粉灭火剂输送管道和管件、干粉储存容器和控制阀等的耐腐蚀性能或防腐蚀处理要求，应根据干粉的化学性质、管道及组件、控制阀等设置环境对相应材料的耐腐蚀性要求确定。一般环境条件下，干粉灭火系统的管道采用无缝钢管，并进行内外表面防腐处理；对于腐蚀性环境，干粉灭火系统的管道及附件多采用不锈钢、铜管或其他耐腐蚀的不燃材料。输送启动气体的管道常采用铜管。

（3）电气控制盒（柜）需要根据环境的粉尘、湿度等选择合适的防护等级，一般为IP55。安装在具有粉尘、纤维或浮尘场所的喷头应采取防尘措施，且该防护罩等装置能在灭火剂喷放时被吹落或自动打开，不会影响干粉喷放。干粉灭火剂在喷放时是氮气与干粉颗粒的混合物，必须确保喷头的单孔直径不小于6mm，以避免在喷放灭火剂时堵塞喷头。

9.0.7　干粉灭火系统应具有在启动前或同时联动切断防护区或保护对象的气体、液体供应源的功能。

【实施要点】

有关实施要点，参见本指南第 8.0.8 条【实施要点】。

9.0.8 用于经常有人停留场所的局部应用干粉灭火系统应具有手动控制和机械应急操作的启动方式，其他情况的全淹没和局部应用干粉灭火系统均应具有自动控制、手动控制和机械应急操作的启动方式。

【实施要点】

有关实施要点，参见本指南第 8.0.1 条和第 8.0.10 条的【实施要点】。

10 灭 火 器

10.0.1 灭火器的配置类型应与配置场所的火灾种类和危险等级相适应，并应符合下列规定：

1　A类火灾场所应选择同时适用于A类、E类火灾的灭火器。

2　B类火灾场所应选择适用于B类火灾的灭火器。B类火灾场所存在水溶性可燃液体（极性溶剂）且选择水基型灭火器时，应选用抗溶性的灭火器。

3　C类火灾场所应选择适用于C类火灾的灭火器。

4　D类火灾场所应根据金属的种类、物态及其特性选择适用于特定金属的专用灭火器。

5　E类火灾场所应选择适用于E类火灾的灭火器。带电设备电压超过1kV且灭火时不能断电的场所不应使用灭火器带电扑救。

6　F类火灾场所应选择适用于E类、F类火灾的灭火器。

7　当配置场所存在多种火灾时，应选用能同时适用扑救该场所所有种类火灾的灭火器。

【条文要点】

　　本条是灭火器配置的选型要求，以确保所配灭火器能够扑救配置场所的火灾，防止在同一场所内选配的灭火器因灭火介质不相容或与保护对象发生不利于灭火的逆化学反应。

【实施要点】

　　（1）灭火器的正确选型是灭火器配置的关键步骤。在选择灭火器时，首先应确定配置场所的火灾种类及其适用的灭火介质类型。不同类型的灭火介质适用扑救的火灾种类不同，有的适用于扑救多种类型的火灾，有的只适用于特定种类的火灾，需要仔细分析配置场所可能存在的火灾种类，不应配置不能扑救相应种类火灾的灭火器，更不允许配置可能与燃烧物质发生化学反应产生有毒物质、引发猛烈燃烧或爆炸的灭火剂，也不允许配置多种互不相容的灭火剂。

根据现行国家标准《火灾分类》GB/T 4968—2008 的规定，火灾分为 A、B、C、D、E、F 六类。其中，A 类火灾为固体物质火灾，这种物质通常具有有机物的性质，在燃烧时一般能产生灼热的余烬。例如，木材、棉、毛、麻、纸张等火灾。B 类火灾为液体或可熔化固体物质火灾，例如，汽油、煤油、原油、甲醇、乙醇、沥青、石蜡等火灾。C 类火灾为气体火灾，例如，煤气、天然气、甲烷、乙烷、氢气、乙炔等火灾。D 类火灾为金属火灾，例如，钾、钠、镁、钛、锆、锂等火灾。E 类火灾为带电火灾，即物体带电燃烧的火灾，主要表现为 A 类火灾的特性。例如，变压器等设备的电气火灾等。F 类火灾为烹饪器具内的烹饪物（如动物油脂或植物油脂）火灾，主要表现为 B 类火灾的特性，但常具有诱发复燃的高温边界，如油锅。

1）A 类火灾场所可以选用水基型、磷酸铵盐干粉和洁净气体灭火器。A 类火灾场所多为办公室、会议室、客房、营业厅、候车（机）厅等，存在一定带电设备火灾危险，需要同时配置可以扑救 E 类火灾的灭火器。E 类火灾场所的火灾主要表现为可固体的燃烧，其灭火器选型与 A 类场所基本相同。对于在灭火时不能切断电源且电压高压 1kV 的带电设备火灾，不允许采用绝缘性能低的灭火器扑救，防止引发触电事故。

2）B 类火灾场所与 C 类火灾场所的灭火器选型基本相同，可燃液体火灾也主要表现为可燃液体表面的可燃蒸气燃烧，可以选用水基型、B/C 干粉、二氧化碳和洁净气体灭火器，但存在极性溶剂的 B 类火灾场所选择水基型灭火器时，应选用抗溶性灭火介质。

3）D 类火灾场所应根据金属的种类、物态及其特性选择适用该特定金属的专用灭火器。过去一般采用干砂或铸铁屑末替代，近几年国内有一些经检测合格且可有效扑灭钠、镁、铝、钼等金属火灾的干粉灭火器。

（2）灭火器的配置必须与配置场所的危险等级、保护对象对灭火介质的敏感性匹配。

1）灭火器配置场所的危险等级与其使用性质、可燃物的类型和数量、火灾的蔓延速度和扑救难易程度、火灾蔓延的后果、用电用火情况等影响场所火灾危险性的因素相关，应根据保护对象的重要性高低和火灾后果大小确定。一般，可燃物的数量多、起火后蔓延迅速、火灾强度高、火灾难以扑救、火灾危害性大或可能造成严重损失的场所，应划分为高危险级；火灾荷载小、起火后火势蔓延缓慢、火灾强度低、火灾扑救容易、火灾后果不严重的场所，可以划分为轻危险级；危险性介于这两者之间的场所，可以划分为中危险等级。

2）灭火器具有轻便灵活、可移动和便于操作等优点，是人工扑救初起火的主要消防器材。灭火器根据移动方式分为手提式和推车式灭火器，根据充装的灭火介质分为水基型、干粉型、二氧化碳和洁净气体灭火器，根据驱动压力分为贮气瓶式和贮压式灭火器。

在建设工程中，采用手提式还是推车式灭火器，要根据配置单元的危险等级对单具灭火器的灭火级别要求确定，采用水基型还是其他灭火介质，则要根据配置场所的火灾种类、灭火介质的灭火机理及保护对象对灭火介质的要求以及使用人员的体能等确定。例如，设置精密仪器或电气、电子设备的场所不应配置会造成水渍或粉尘、泡沫污染的水基型灭火器或干粉灭火器。

10.0.2 灭火器设置点的位置和数量应根据被保护对象的情况和灭火器的最大保护距离确定，并应保证最不利点至少在1具灭火器的保护范围内。灭火器的最大保护距离和最低配置基准应与配置场所的火灾危险等级相适应。

【条文要点】

本条规定了灭火器配置点灭火器设置的基本要求，以确保防护场所的全覆盖和有效灭火。

【实施要点】

（1）灭火器设置点是在配置场所内放置灭火器的地点，其位置和数量应确保配置场所各处均能被至少1具灭火器覆盖，没有空白处。灭火器的覆盖范围可以采用每具灭火器的最大保护距离为半径画圆的方式校核。保护距离为灭火器设置点至保护区内任一点的直线行走距离。测量该距离时可以忽略其中桌椅、冰箱等小型家具、家电的影响，但应考虑隔断、墙体等障碍物的影响；当有隔墙等阻挡时，应采用绕过墙体或经过门中点的折线计算。

每具灭火器的最大保护距离应根据配置场所的危险等级、灭火器类型和火灾蔓延速度等确定。对于危险等级高和火灾蔓延速度快的场所，需要尽快控制和扑灭火灾，应尽量缩短其保护距离；对于重量大的手提式灭火器，也应缩短其保护距离，以便尽快到达着火点实施灭火。

（2）灭火器设置点的数量由灭火器的最大保护距离、该场所所需灭火器的最低配置基准决定。灭火器的最低配置基准根据配置场所的危险等级确定。

在确定灭火器的配置数量时，一般可以将配置场所划分为多个计算单元，根据该配置场所的危险等级确定单具灭火器的最小配置灭火级别和单位灭火级别的最大保护面积，按照计算单元的保护面积计算所需灭火器最少配置数量，再按照每个计算单元最少需配置的灭火器数量校核。例如，每个计算单元最少需配置2具，如计算只需要1具，仍应在该单元配置2具。在实际配置过程中，如果选择了灭火级别较大的灭火器，可能会使计算出的灭火器数量少。这时还应根据保护距离的要求保证足够数量的灭火器设置点，并在每个设置点配置必需数量的灭火器。因此，既要选择灭火级别较大的灭火器，又不能减少设置点数量，实际就需要在计算值的基础上增加符合要求灭火级别的灭火器，才能满足标准对灭火器设置点的位置、数量和灭火器保护距离的要求。

（3）不同类型灭火器的灭火级别（代表灭火器扑灭不同种类火灾的效能）不同，有关灭火器的最低配置基准应经试验确定。有关参数可参见现行国家相关技术标准的规定。

10.0.3 灭火器配置场所应按计算单元计算与配置灭火器，并应符合下列规定：

1 计算单元中每个灭火器设置点的灭火器配置数量应根据配置场所内的可燃物分布情况确定。所有设置点配置的灭火器灭火级别之和不应小于该计算单元的保护面积与单位灭火级别最大保护面积的比值。

2 一个计算单元内配置的灭火器数量应经计算确定且不应少于2具。

【条文要点】

本条规定了确定灭火器配置数量的基本要求和方法。

【实施要点】

（1）各类场所的灭火器配置应在根据该场所的危险等级、火灾种类等因素确定灭火器选型后，将该场所划分为计算单元，按照每个计算单元所需配置的总灭火级别、每具灭火器的最小配置灭火级别、灭火器的最大保护距离计算确定每个计算单元所需灭火器设置点数量，再在校核每个灭火器设置点应配置灭火器的最少数量后确定。每个计算单元的最小需配灭火器的灭火级别，应按照计算单元的保护面积与单位灭火级别最大保护面积的比值取整。

（2）灭火器配置场所的危险等级划分和火灾分类，参见本章第 10.0.1 条【实施要点】，单具灭火器的最低配置灭火级别、灭火器的最大保护距离、灭火器配置点的设置和数量，参见本章第 10.0.2 条【实施要点】。

（3）计算单元的划分应根据配置场所内的火灾种类和灭火器配置类型确定，并遵循以下原则：

1）对于 A 类、B 类和 C 类火灾场所，当一个楼层或一个防火分区内相邻配置区域的危险等级和火灾种类相同时，该楼层或防火分区可划分为一个计算单元；当一个楼层或一个防火分区内存在不同危险等级或火灾种类的配置区域时，应将该楼层或防火分区内不同危险等级或不同火灾种类的区域分别划分为不同的计算单元。例如，办公楼内某楼层有一间专用计算机房和若干间办公室，则应将计算机房单独划分一个计算单元，若干间相邻办公室可以合并作为一个计算单元。一个计算单元不应跨越防火分区和楼层，当多个楼层划分为同一个防火分区时，每个楼层应单独划分为一个计算单元，以避免防火分区之间的防火分隔在火灾时阻碍人员携带灭火器通过或影响灭火器的保护距离，或者因人员携带灭火器上下楼层而耽误扑救初起火灾的最佳时机。

2）对于 D 类、F 类火灾场所，可以分别针对 D 类或 F 类火灾部位进行特定配置保护，计算单元仍应按照 A 类或 B 类火灾场所划分。

3）对于 E 类火灾场所，尽管是带电设备的火灾场所，但往往同时存在 A 类或 B 类火灾，计算单元应按照 E 类、A 类或 B 类火灾场所划分。

（4）一个计算单元内的可燃物分布并不均匀，每个计算单元内每个灭火器配置点的灭火器配置数量应根据场所内可燃物的分布情况计算确定，且不应少于 2 具。所有设置点配置的灭火器灭火级别之和不应小于所在计算单元的最小需配灭火级别。

例如，如果一个计算单元最小需配灭火级别的计算值是

10A，而选配的各具灭火器的灭火级别均是2A，则该计算单元最少应配置5具灭火器；如果该计算单元最小需配灭火级别的计算值是9A，仍应至少配置5具。若该计算单元实际配置4具，则所配灭火器的总灭火级别为8A，小于该计算单元最小需配灭火级别10A的要求，达不到扑灭初起火灾所需最低灭火能力要求，不符合要求。

（5）为了合理地配置灭火器，更有效地扑灭初起火灾，在对应火灾可燃物分布集中的设置点可以较其他设置点配置更多数量的灭火器，也即每个灭火器设置点不一定要按平均分配数量配置，可以根据每个设置点保护区域内的可燃物分布情况确定该设置点的灭火器配置数量和灭火级别。

10.0.4 灭火器应设置在位置明显和便于取用的地点，且不应影响人员安全疏散。当确需设置在有视线障碍的设置点时，应设置指示灭火器位置的醒目标志。

【条文要点】

本条规定了灭火器设置点的基本要求。

【实施要点】

（1）灭火器的设置点应位于便于人员发现的明显位置。这种设置在平时可以训练人员的条件反射，在火灾时能让人员容易识别和知道何处可取用灭火器。对于那些必须设置灭火器而又难以做到明显易见的设置点（如存在办公隔断的开敞房间），应在设置点附近便于人员发现和识别的位置设置醒目的标志指示灭火器的设置位置。有关指示标志的要求，可参见现行国家标准《消防安全标志　第1部分：标志》GB 13495.1—2015和《消防安全标志设置要求》GB 15630—1995。

（2）灭火器的设置点应便于取用，在火灾时人员不必越过任何障碍就可以方便地到达灭火器设置点取用灭火器，而且灭火器的设置高度适合正常成人拿取，灭火器的手柄一般距离楼地面0.5m～1.2m。

（3）灭火器的设置点不应影响人员安全疏散。灭火器一般设置在人员疏散走道两侧的墙壁、柱体上以及楼梯间、电梯间和人员出入口处的墙上或地上。但这些地方也是火灾时人员疏散必须经过的部位，灭火器的放置位置不能影响人员通行和安全疏散，尽量与室内消火栓箱一并考虑，放在嵌入墙体的消火栓箱内。独立放置灭火器时，要采取固定措施，设置反光标志，并距离地面一定高度，便于人员观察。

10.0.5 灭火器不应设置在可能超出其使用温度范围的场所，并应采取与设置场所环境条件相适应的防护措施。

【条文要点】

本条规定是保障灭火器在有效期内的灭火效能不降低、在任何时候均可正常使用的安全性要求。本条是本规范第 2.0.3 条的细化。

【实施要点】

（1）灭火器不得设置在可能超出其使用温度范围的场所或地点。灭火器设置点的环境温度对灭火介质的效能、灭火器的喷射性能和安全性能均有影响。环境温度过低，灭火器的喷射性能会降低，会使水基型灭火器难以形成泡沫、喷雾等，甚至导致灭火介质被冻结无法喷射；环境温度过高，会使二氧化碳灭火器和其他储压式灭火器的内压增加，存在伤人的隐患。根据现行国家标准《手提式灭火器 第 1 部分：性能和结构要求》GB 4351.1—2005 和《推车式灭火器》GB 8109—2005 的规定，推车式灭火器与手提式灭火器的使用温度范围略有差异，不同灭火介质的灭火器的使用温度范围不同，在设置时要注意设置点的环境温度应符合相应产品的使用要求。

（2）灭火器应采取与设置场所环境条件相适应的防护措施。当设置点环境条件复杂，会导致灭火器被车辆等碰撞时，应采取设置围栏、防撞栏杆等防撞措施，如设置在厂区道路旁的灭火器、在码头室外等处设置的灭火器；当设置点环境存在较强的腐蚀性、场所潮湿或露天设置时，应采取防腐处理、设置罩棚或封闭箱体等防潮、防日晒、防雨雪侵蚀的措施。

10.0.6 当灭火器配置场所的火灾种类、危险等级和建（构）筑物总平面布局或平面布置等发生变化时，应校核或重新配置灭火器。

【条文要点】

本条规定是保证灭火器配置有效，具有火灾危险的场所能够得到灭火器有效保护的要求。

【实施要点】

（1）灭火器的配置需要根据配置场所的火灾种类、危险等级、保护距离和每具灭火器的配置基准等情况划分计算单元后经计算确定。不同种类火灾对灭火介质的要求不同，不同危险等级场所对灭火器类型和每具灭火器的灭火级别要求不一样。当灭火器配置场所的火灾种类发生变化时，原配置的灭火器就可能不适用扑救变化后的火灾，甚至有可能引起灭火介质对燃烧的逆化学反应，引发不良后果。例如，某 B 类火灾场所原配置 B、C 干粉（碳酸氢钠干粉）灭火器，当该场所改变用途后变为 A 类火灾场所，原配置的 B、C 干粉（碳酸氢钠干粉）灭火器就无法扑灭 A 类火，不再适用于该场所；或者某 A 类火灾场所原本配置水基型灭火器，当该场所改变用途后使可能的火灾变成了碱金属（如钾、钠）火灾，原配置灭火器喷出的水会与碱金属发生剧烈化学反应生成大量的氢气，氢气与空气中的氧气混合后容易形成爆炸性的气体混合物，甚至有可能引起爆炸。另外，配置场所的危险等级升高或降低都会影响灭火器的配置数量和每具灭火器的最低配置基准，特别是当危险等级升高时，对灭火器的配置影响较大。因此，当灭火器配置场所的火灾种类、危险等级发生变化时，必须校核原所配灭火器是否满足要求，当不能满足要求时应重新计算和配置。

（2）建（构）筑物的总平面布局变化主要针对储罐区、工厂厂区或码头、露天堆场、集装箱堆场等场所发生区域的功能或场地面积大小的调整，建（构）筑物的平面布置变化主要针对房屋建筑的室内分隔、疏散路线等发生变化。这些变化会导致原划分的计算单元、原设置点的保护范围、可燃物的分布情况和所需配置的总灭火级别等发生变化，都需要校核计算和重新配置灭火器。

10.0.7 灭火器应定期维护、维修和报废。灭火器报废后，应按照等效替代的原则更换。

【条文要点】

本条规定了灭火器维护、维修和报废的基本要求，具体要求应符合国家现行有关技术标准和消防安全管理标准的要求。

【实施要点】

（1）定期维护和维修灭火器，保证灭火器安全使用并能够有效扑灭初起火灾，是对消防设施日常管理的基本要求。灭火器是一种常用的轻便灭火器材，设置在人员和车辆经常经过的地点附近，有些还需要设置在室外，在使用期间不可避免地会出现磕碰、锈蚀、瓶体损伤等现象，灭火器也可能发生压力降低、灭火介质超出有效使用期限而降低灭火效能或失效等情况，应定期巡查和检修。有关灭火器的维修要求，可参见现行消防救援行业标准《灭火器维修》XF 95—2015。

（2）到期报废灭火器，是保障人身安全的要求。灭火器均需要在一定压力作用下才能在规定时间内喷射出所需灭火级别的灭火介质。灭火器在检查中如发现存在机械损伤、明显锈蚀、灭火介质泄露、被开启使用过、达到维修期限或符合其他维修条件，都需要送专业维修单位及时维修。只要达到或超过维修期限，即使灭火器未曾使用过，也应送修。使用时间达到报废时间的灭火器，即使未曾使用过或仍可继续使用，也应报废。根据现行国家标准《建筑灭火器配置验收及检查规范》GB 50444—2008第5.3.2条的规定，使用达到下列规定年限的灭火器应送修：手提式、推车式水基型灭火器出厂期满3年，首次维修以后每满1年；手提式、推车式干粉灭火器、洁净气体灭火器、二氧化碳灭火器出厂期满5年，首次维修以后每满2年。

（3）灭火器报废是替换原所配灭火器，不是重新配置灭火器。在替换时，应选择相同类型、相同操作方法、温度适用范围相同的灭火器，且灭火级别不低于原配置灭火器的灭火级别。达到报废条件的灭火器必须报废，不应在经过检修后重新使用，见本章第10.0.8条的规定。

10.0.8 符合下列情形之一的灭火器应报废：

1 筒体锈蚀面积大于或等于筒体总表面积的1/3，表面有凹坑；

2 筒体明显变形，机械损伤严重；

3 器头存在裂纹、无泄压机构；

4 存在筒体为平底等结构不合理现象；

5 没有间歇喷射机构的手提式灭火器；

6 不能确认生产单位名称和出厂时间，包括铭牌脱落、铭牌模糊、不能分辨生产单位名称，出厂时间钢印无法识别等；

7 筒体有锡焊、铜焊或补缀等修补痕迹；

8 被火烧过；

9 出厂时间达到或超过表10.0.8规定的最大报废期限。

表 10.0.8　灭火器的最大报废期限

灭火器类型		报废期限（年）
手提式、推车式	水基型灭火器	6
	干粉灭火器	10
	洁净气体灭火器	
	二氧化碳灭火器	12

【实施要点】

本条规定的九种情形的灭火器均存在较大的使用安全隐患，都需要无条件报废。对于不能确认生产时间、生产单位等情况的灭火器，难以确定其灭火效能和筒体的安全使用性能。有关灭火器的性能和外观要求，可参见现行国家标准《推车式灭火器》GB 8109—2005和《手提式灭火器　第1部分：性能和结构要求》GB 4351.1—2005。配置在建筑或其他火灾危险性场所的灭火器，如在服役时间内符合本条规定的情形，无论是否使用过，均必须强制报废，不能在经维修后重新使用。最大报废期限应从灭火器生产日期算起。

11 防烟与排烟系统

11.1 一般规定

11.1.1 防烟、排烟系统应满足控制建设工程内火灾烟气的蔓延、保障人员安全疏散、有利于消防救援的要求。

【条文要点】

本条规定了防烟、排烟系统的基本功能要求。

【实施要点】

（1）在建设工程中采取防烟、排烟措施，主要为保证火灾时的人员安全疏散，为消防救援提供条件，并减少火灾产生的热对建筑结构和建筑内物品的损伤作用。

火灾烟气是造成建设工程火灾人员伤亡的主要因素，烟气中的一氧化碳、二氧化碳、氟化氢、氯化氢等多种有毒物质以及烟气本身的高温等都会直接危及人身安全和建筑结构等的安全。在建设工程内设置防烟、排烟系统，可以及时排出火灾产生的高温和有毒烟气，阻止烟气向防烟分区外扩散，延缓着火房间温度快速升高，使人员在疏散和避难过程中不会受到烟气的直接作用，能为消防救援人员在进入火场前和在救援过程中提供比较安全的修整和灭火准备的条件。对于相对火源为"小室"的场所，排烟还能延迟轰燃发生的时间，以尽量避免在外部消防救援力量到场前发生轰燃现象，从而降低灭火难度，提高灭火效果。此外，防止发生轰燃和排除高温烟气，还能更好地保证建筑结构的安全。

防烟有自然通风防烟和机械加压送风防烟两种方式，排烟也有自然排烟和机械排烟两种方式。在建设工程中采用哪种防烟或排烟方式，需要根据设置场所的空间几何特性和条件等因素以及本章其他条文的规定确定。防烟、排烟系统设置方式的具体要求，还可参见现行国家标准《建筑防烟排烟系统技术标准》GB 51251 的规定。

（2）在建设工程中设置的防烟、排烟系统应能实现控制火灾烟气蔓延、保障人员安全疏散和方便消防救援的功能要求。

在建设工程内对非着火部位、疏散通道、楼梯间等区域采取加压送风等防烟措施，可以在该区域形成局部的正压区域，阻止烟气侵入，或者使蔓延入这些区域的烟气能尽快通过排烟口排到室外，不会在其中积聚；设置排烟系统的区域，在排烟过程中不仅能将着火空间内的烟气和热量排走，而且可以降低该空间火灾产生的风压并形成局部的相对负压区，提高空间内的能见度，阻止烟气向相邻区域扩散。人员的疏散过程为从着火区域进入疏散走道再到疏散楼梯间或室外。在人员脱离火场的过程中，只有当烟气生成和扩散至危及人身安全的时间大于人员脱离危险区的时间时，才能保证人员全部安全疏散完毕。而消防救援人员在进出火场（特别是疏散楼梯间或消防专用通道、专用楼梯间、消防电梯等）时，必须确保此区域为正压区或有良好的自然通风排烟条件，才能防止烟气侵入，从而保证救援人员安全并正常开展消防救援行动。

（3）要实现防烟和排烟系统的功能要求，就应严格按照本规范和相关技术标准的要求，做好防烟、排烟系统的设计、施工、验收及维护管理。除本章有关规定外，防烟、排烟系统的设计、施工及维护管理的要求，还可参见现行国家标准《建筑防烟排烟系统技术标准》GB 51251 的相关规定。

11.1.2 防烟、排烟系统应具有保证系统正常工作的技术措施，系统中的管道、阀门和组件的性能应满足其在加压送风或排烟过程中正常使用的要求。

【条文要点】

本条规定了确定防烟、排烟系统设备、组件和管道等的性能和保障措施应遵循的原则。

【实施要点】

（1）防烟、排烟系统应具有保证其正常工作的技术措施。

防烟系统是采用自然通风或机械加压送风方式，防止火灾烟气进入或在楼梯间、前室、避难层（间）等特定空间内积聚的系统。排烟系统是采用自然通风排烟或机械排烟的方式，将房间、走道等特定空间的火灾烟气排至室外的系统。防烟、排烟系统应根据本规范第 2.0.3 条的要求对系统设备、部件和执行机构等采取相应的防风、防雨雪、防堵塞、防冻结等措施，例如，露天设置的风机应为室外机型或设置防雨雪侵蚀罩或防风雨篷，在进风口设置防护网，在送风口或排烟口设置百叶或防护网，对自然排烟口及其执行机构采取防冻结和便于开启的措施；系统相关控制阀门除具有自动控制开启或关闭功能外，还应具体手动开启或关闭的功能等；系统的工作电源应采用消防电源，供配电线路及其敷设应具有一定的耐火和防火性能、气源等动力及其启动管路应连接、固定可靠等；系统与火灾自动报警系统的联动控制应可靠；设备的运行状态应可以在消防控制室监视和控制。

（2）防烟、排烟系统中管道、阀门和组件的性能应满足其在加压送风或排烟过程中正常使用的要求。

采用机械加压或机械排烟方式的防烟、排烟系统主要由加压送风机或排烟风机、送风管道或排烟管道、控制阀、送风口或排烟口等组件构成；采用自然通风方式防烟或排烟的系统主要由排烟口或排烟窗和相应的执行机构、动力源和手动开启装置构成。机械防烟和机械排烟系统的构成示意，参见图 11-1 和图 11-2。

这些设备、管道和组件的性能应符合下列基本要求：

1）符合国家相关标准的要求。如排烟风机应符合现行消防救援行业标准《消防排烟风机耐高温试验方法》XF 211—2009 的规定，防火阀、排烟阀、排烟防火阀等应符合现行国家标准《建筑通风和排烟系统用防火阀门》GB 15930—2007 的规定。

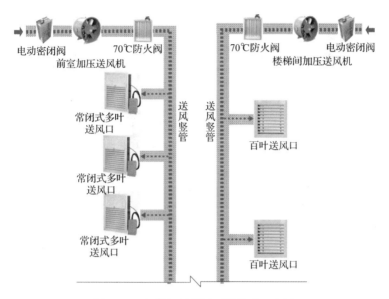

图 11-1 机械加压送风系统构成示意图

2）加压送风机的风量应满足相应部位防烟正压或洞口风速的要求，排烟风机的风量应满足排烟系统的设计排烟量要求，送风口或排烟口、排烟窗的有效面积应满足设计送风量或排烟量及其风速的要求。

3）设置在具有腐蚀性环境中的系统组件和管道应具有相应的耐腐蚀性能或防腐蚀处理。

4）穿越不同防火分区的管道、穿越防火分隔部位的管道和阀门，应具有相应的耐火性能和防火性能。金属管道的壁厚和材性满足按照相应风速送风或排烟时不变形的要求，土建风道的内壁光滑度和连接部位的密闭性能满足系统正常工作和风量要求，风管或风道的耐火性能满足不会导致火灾蔓延的要求，详见本章第 11.1.3 条的规定。

5）管道和风机的固定或支撑结构满足相应的抗外部风压作用和自身重量及允许地震作用的要求。

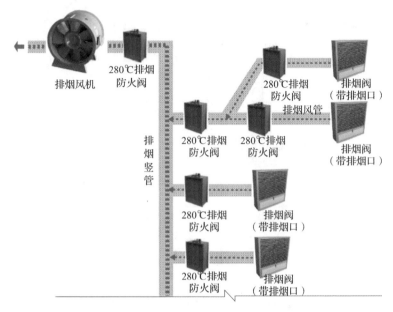

图 11-2　机械排烟系统构成示意图

11.1.3 机械加压送风管道和机械排烟管道均应采用不燃性材料，且管道的内表面应光滑，管道的密闭性能应满足火灾时加压送风或排烟的要求。

【条文要点】

本条规定了防烟排烟系统管道的基本性能要求。

【实施要点】

（1）机械加压送风管道主要用于从建筑外引入新鲜空气送至建筑内，送风管道有时也需要经过其他房间或区域；机械排烟管道主要用于排除建筑内的高温烟气，有时也需要穿越其他房间或防火分区。两者均要求能在送风和排烟过程中不会出现漏风、变形、被烧蚀或者引燃周围可燃物，排烟管道还需要具有耐受较高温度烟气作用的性能。因此，这两种用途的管道及其固定支架均应采用不燃性材料制作。

（2）金属管道表面光滑，管道及其连接的密闭处理方便、气密闭性能好。机械加压送风管道和机械排烟管道一般采用金属管道制作，但不限制使用土建管道和其他非金属管道。管道内的沿程阻力越大，其风量越小，当使用非金属不燃性材料制作管道时，应确保管道内壁光滑，摩阻系数符合系统送风和排烟要求。管道及其连接部位的气密闭性对系统的送风或排烟效率影响大，应在设计和安装时通过合理选用管道材料及其连接方式、确保管道系统的密闭性能和管道内壁的光滑度符合设计要求，以保证系统设计所需送风量或排烟量及风压或风速。

不同类型管道的允许漏风量不同，管道的气密闭性能应在送风管道和排烟管道安装完后进行测试，并满足相应的漏风量要求。有关具体要求，详见现行国家标准《建筑防烟排烟系统技术标准》GB 51251—2017 的规定。该标准第 6.3.3 条详细规定了金属矩形风管、圆形风管和非金属风管的允许漏风量及管道的漏风量测试方法。

11.1.4 加压送风机和排烟风机的公称风量，在计算风压条件下不应小于计算所需风量的 1.2 倍。

【实施要点】

（1）本条规定了加压送风机和排烟风机的关键性能参数，以确保所选风机型号满足所设置系统的正常工作目标要求。风机的公称风量是产品的标定风量或名义风量，风机运行时的实际风量可能比其公称风量大些或小些。风机的型号应根据系统的设计风量确定，系统的设计风量应根据实际送风或排烟所需风量（即系统计算风量）并考虑系统运行时风管（道）、排烟阀（口）的漏风量确定，且不应小于系统计算风量的 1.2 倍。机械加压送风系统和机械排烟系统的风量计算，参见现行国家标准《建筑防烟排烟系统技术标准》GB 51251—2017 第 4.5 节、第 4.6 节等标准的规定。

（2）尽管风机选型包括风量和风压两个重要参数，但公称风量即体现额定工况要求，对应公称风压。此风压一定大于或等于设计工况风压，故不需要强调对应风压，只需根据风量就可以确定风机型号。

11.1.5 加压送风机、排烟风机、补风机应具有现场手动启动、与火灾自动报警系统联动启动和在消防控制室手动启动的功能。当系统中任一常闭加压送风口开启时，相应的加压风机均应能联动启动；当任一排烟阀或排烟口开启时，相应的排烟风机、补风机均应能联动启动。

【条文要点】

本条是加压送风机、排烟风机、补风机启动控制的基本要求。

【实施要点】

（1）机械防烟和机械排烟系统属于自动消防系统，其加压送风机、排烟风机、补风机具备现场手动启动、与火灾自动报警系统联动自动启动和消防控制室远程手动启动功能。这些启动方式是保证系统在不同状态下可靠启动的关键。

1）现场手动启动功能，一般利用风机控制柜上的启动按钮启动风机，现场启动时需先将风机控制装置设定在手动控制位，按下启动按钮即可启动风机。

2）与火灾自动报警系统联动自动启动的功能，对于加压送风机，采用加压送风口所在防火分区内的两只独立的火灾探测器或一只火灾探测器与一只手动火灾报警按钮的报警信号作为送风口开启和加压送风机启动的联动触发信号，由消防联动控制器联动控制开启相关层前室等需要加压送风部位的送风口和送风机；对于排烟风机和补风机，采用同一防烟分区内的两只独立的火灾探测器的报警信号作为排烟口、排烟窗或排烟阀开启的联动触发信号，由消防联动控制器联动控制开启排烟口、排烟窗或排烟阀，而排烟口、排烟窗或排烟阀开启的动作信号作为启动排烟风机的联动触发信号，由消防联动控制器联动控制启动排烟风机和补风机。防烟和排烟系统的联动控制流程示意，参见图 11-3。

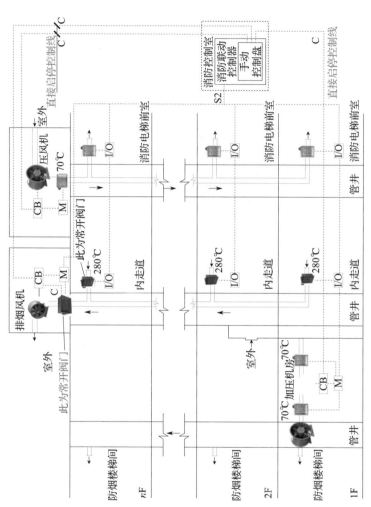

图 11-3　防烟和排烟系统的联动控制流程示意图

3）消防控制室的远程手动启动功能，由消防控制室的管理人员根据火灾现场监控或火灾信息确认情况，可以直接在操作控制盘上手动远程遥控操作启动加压送风机、排烟风机、补风机，系统将自动联动启闭相关装置。有关联动控制的具体要求，参见现行国家标准《火灾自动报警系统设计规范》GB 50116的规定。

（2）加压送风口设置在机械加压送风系统支管端部的出风口处，平时一般处于关闭状态；当楼层数量少，火灾时需要同时开启的送风口也可以保持常开状态。排烟口是排烟系统中的烟气吸入口，排烟阀一般设置在机械排烟系统支管端部的烟气吸入口处，平时一般处于关闭状态；当系统只负担一个防烟分区时，该系统的排烟口或排烟阀可以处于常开状态。当送风口、排烟阀或排烟口按照与火灾自动报警系统的联动控制指令开启时，表明相应场所发生火情并经确认需要启动机械加压送风系统和机械排烟系统。此时，送风口、排烟阀或排烟口的开启动作信号将经由联动控制器联动开启相应系统的风机，启动系统开始工作。一台风机对应哪些送风口、排烟阀或排烟口，应根据设计的防烟部位和排烟区域的防烟分区情况确定。

11.2 防　　烟

11.2.1　下列建筑的防烟楼梯间及其前室、消防电梯的前室和合用前室应设置机械加压送风系统：

1　建筑高度大于100m的住宅；
2　建筑高度大于50m的公共建筑；
3　建筑高度大于50m的工业建筑。

【条文要点】

本条规定了建筑中需要设置机械加压送风系统的场所和部位。

【实施要点】

（1）封闭楼梯间、防烟楼梯间及其前室、消防电梯的前室和合用前室、避难间、避难层、避难走道等，是火灾时人员疏散、避难和消防救援的主要通道和场所，应采取措施防止火灾烟气侵入或在其中积聚。建筑中需要设置防烟系统的部位，应根据建筑防火通用规范和现行国家标准《建筑设计防火规范》GB 50016 等标准的规定确定。需要设置机械加压送风系统的部位不限于本条的规定，但本条规定部位的防烟必须采用机械加压送风方式确保其防烟的可靠性，其他场所或部位的防烟可以根据具体情况和现行国家标准《建筑防烟排烟系统技术标准》GB 51251 等标准的规定确定。

（2）建筑高度大于 100m 的住宅、建筑高度大于 50m 的公共建筑和工业建筑（包括仓储建筑和生产建筑）受风压作用影响大，利用建筑本身的自然通风条件难以保证防烟效果，应采用强制加压送风的防烟措施。其他建筑的防烟是采用自然防烟方式或机械防烟方式，需要综合考虑建筑位置和楼梯间等的设置方位、建筑高度、当地及建筑所在位置局部风频分布和风力情况等因素确定。

11.2.2　机械加压送风系统应符合下列规定：

1　对于采用合用前室的防烟楼梯间，当楼梯间和前室均设置机械加压送风系统时，楼梯间、合用前室的机械加压送风系统应分别独立设置；

2　对于在梯段之间采用防火隔墙隔开的剪刀楼梯间，当楼梯间和前室（包括共用前室和合用前室）均设置机械加压送风系统时，每个楼梯间、共用前室或合用前室的机械加压送风系统均应分别独立设置；

3　对于建筑高度大于 100m 的建筑中的防烟楼梯间及其前室，其机械加压送风系统应竖向分段独立设置，且每段的系统服务高度不应大于 100m。

【条文要点】

本条规定了机械加压送风系统设置的基本要求。

【实施要点】

（1）封闭楼梯间和防烟楼梯间要达到有效阻止烟气侵入的目的，在封闭楼梯间与疏散走道之间，防烟楼梯间与前室、前室与疏散走道之间必须形成一定的压力差。本规范第11.2.5条规定了封闭楼梯间与疏散走道之间的压差应为25Pa～30Pa，防烟楼梯间前室与疏散走道之间的压差应为25Pa～30Pa，防烟楼梯间与疏散走道之间的压差应为40Pa～50Pa。合用前室是疏散楼梯间前室与消防电梯前室合用的前室。由于消防电梯竖井上下贯通，要在其中形成所需压力需要更大的风量，如果楼梯间与合用前室共用一套加压送风系统，很难保证各自所需压力，或者过高或者低于防烟要求，而且也不经济。为确保各加压送风部位的防烟性能，加压送风系统应按照以下原则设置：

1）当楼梯间和前室均设置加压送风系统时，楼梯间与合用前室的机械加压送风系统需要分别独立设置，以保证各自的防烟性能。

2）当为共用前室的剪刀楼梯间，且前室和楼梯间均设置机械加压送风系统时，进出共用前室的门较多，难以保证楼梯间和前室的正压或风速，楼梯间与共用前室的机械加压送风系统应分别独立设置。

3）当为与其他楼梯间或消防电梯不合用前室的防烟楼梯间，且楼梯间和前室均设置机械加压送风系统时，楼梯间与前室的机械加压送风系统一般应分别独立设置。本条虽然未做强制要求，但如果不分别独立设置送风系统，则必须采取可靠的风量调节措施确保楼梯间与前室之间的压差符合设计和本规范第11.2.5条的要求。

（2）剪刀楼梯间是在同一个楼梯竖井内设置两部楼梯的楼梯

间，当进入这两部楼梯的门需要作为楼层上的 2 个独立安全出口时，应在这两部楼梯的梯段之间设置防火隔墙分隔；当只作为楼层上的一个安全出口考虑时，可以不分隔。本条规定的在梯段之间采用防火隔墙隔开的剪刀楼梯间，是针对用作两部独立疏散楼梯，进入楼梯间的门是分别用于不同的安全出口（即楼层上两个独立的安全出口）使用的情形。

剪刀楼梯间可以采用封闭楼梯间，也可以采用防烟楼梯间。根据现行国家标准《建筑设计防火规范》GB 50016—2014（2018 年版）第 5.5.10 条和第 5.5.28 条的规定，楼层上进入剪刀楼梯间的门用作 2 个独立安全出口时，剪刀楼梯间应采用防烟楼梯间。因此，当前不存在剪刀楼梯间采用封闭楼梯间用作 2 个独立安全疏散通道的情形。当剪刀楼梯间在楼层上的入口作为 2 个独立的安全出口时，相当于将该剪刀楼梯间分成了 2 座独立的楼梯间而成为建筑内 2 条独立的竖向安全通道。在火灾时，应确保这两个疏散楼梯间相互独立和安全，当其中任意一部楼梯不能安全使用时，还能有另一部楼梯可以供人员安全疏散。此时，机械加压送风系统的设置也需要分别按照 2 个独立的防烟楼梯间考虑，以保证加压送风系统满足楼梯间、前室等部位的压差要求，且不至于在火灾时同时失效。

1）当剪刀楼梯间的两个前室均各自独立，不相互共用，也不与消防电梯前室合用时，每个楼梯间及其前室的机械加压送风系统应分别独立设置，同一个楼梯间与其前室的加压送风系统可以不独立设置，但应满足相应的压差要求。

2）当剪刀楼梯间的两个前室共用，或任一前室与消防电梯前室合用，或共用前室与消防电梯前室合用时，每个楼梯间的机械加压送风系统均应与共用前室或合用前室的机械加压送风系统分别独立设置；其中不与消防电梯前室合用，也不与其他楼梯间前室共用的前室，可以与相应楼梯间的加压送风系统合用同一个系统，但应满足相应的压差要求。

（3）楼梯间的机械加压送风系统有利用风机直接从楼梯间顶部直灌式加压和通过送风管井每层分布式加压两种加压方式。前一种加压方式一般适用于楼梯间的竖向高度较小的情形；后一种加压方式适用于楼梯间的竖向高度高的情形。分布式加压送风的方式风量分布较均匀，可以较好地保证各层楼梯间及其前室所需压力。但是，如果系统的服务高度过高，也会导致压力分布差异大，压力高的区段可能会影响人员疏散，压力低的区段可能起不到防烟作用，并可能因系统庞大、设置风口过多而降低系统的可靠性。对于建筑高度大于100m的工业与民用建筑，本条要求机械加压送风系统按照所服务楼梯间的高度分段分别设置独立的系统，每套系统服务一个特定高度的区段。在具体实施时，要注意各服务区段高度的划分和系统设置的合理性，尽量避免加压送风机设置位置距离服务楼层过远，兼顾避难层、设备层等的设置情况和楼梯间、前室的防烟系统设置情况、正压值要求，在本条规定的竖向服务高度范围内调整。建筑高度大于100m的建筑中楼梯间内的加压送风系统分段设置示意参见图11-4。图中建筑共分段设置了两套加压送风系统，上部系统的加压送风机房设置在建筑的屋顶，下部系统的加压送风机房设置在建筑首层。

（4）本条规定的"独立设置"是指楼梯间的加压送风系统与前室（包括共用前室、合用前室）的加压送风系统完全独立、互不影响，系统的送风口、送风管道、送风机和控制阀等分别独立设置，不共用。

11.2.3 采用自然通风方式防烟的防烟楼梯间前室、消防电梯前室应具有面积大于或等于2.0m²的可开启外窗或开口，共用前室和合用前室应具有面积大于或等于3.0m²的可开启外窗或开口。

【条文要点】

本条是保证防烟楼梯间前室、共用前室和合用前室自然通风防烟有效性的基本要求。

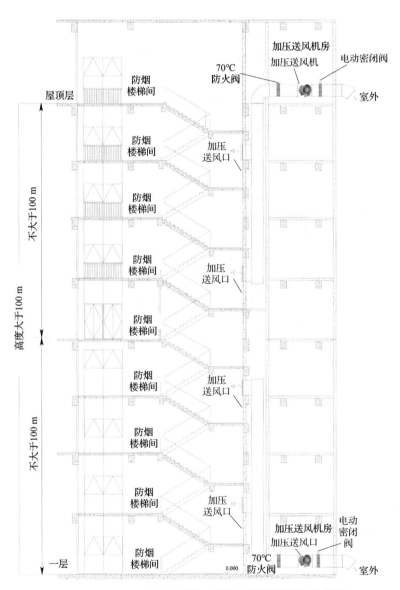

图 11-4 楼梯间内的机械加压送风系统分段设置示意图

【实施要点】

（1）本条规定没有强制要求前室的排烟外窗或开口的有效开启面积，而是要求具有不小于本条规定面积的可开启外窗或开口，有条件的前室应尽量增大自然通风的有效开口面积。

采用自然通风方式防烟是利用烟气的浮力和环境的空气自然对流条件使烟气从建筑内较高部位的开口散发出去，需要在防烟部位的外墙上部或屋顶上设置开口并保证一定的开口面积，开口的有效开启面积越大越有利于排出烟气。根据现行国家标准《建筑防火通用规范》的规定，防烟楼梯间前室的最小使用面积不应小于 $4.5m^2$，消防电梯前室的最小使用面积不应小于 $6.0m^2$。对于可开启外窗或开口的面积，南方地区的建筑具有较好的条件设置开敞的前室或在前室设置较大的开口；而东北和西北地区的建筑因防寒需要，往往采用封闭的前室。另外，前室的位置需要综合考虑建筑本身的布置和疏散要求等因素，要在这些部位的围护结构上设置较大面积的外窗有时难以实现，在工程上也不合理、不经济。

（2）本条未规定可开启外窗或开口的设置高度，实际工程要根据通风防烟的需要，尽量将可开启的开口或窗扇设置在距离地面较高的位置，提高通风效果。

11.2.4 采用自然通风方式防烟的避难层中的避难区，应具有不同朝向的可开启外窗或开口，可开启有效面积应大于或等于避难区地面面积的 2%，且每个朝向的面积均应大于或等于 $2.0m^2$。避难间应至少有一侧外墙具有可开启外窗，可开启有效面积应大于或等于该避难间地面面积的 2%，并应大于或等于 $2.0m^2$。

【条文要点】

本条是保证避难层和避难间自然通风防烟效果的基本要求。

【实施要点】

（1）避难层或避难间中的避难区是在火灾时供人员紧急

避险、躲避火灾高温和有毒烟气的危害，等待外部救援的室内场所。这些场所应采取必要措施确保人员安全避险。如本章第11.2.3条【实施要点】所述，采用自然通风方式防烟需要具有一定的开口，并且自然对流条件越好，其防烟效果越好。

避难层主要设置在建筑高度大于100m的工业与民用建筑中，是用于火灾时人员避险的专用楼层，一般按照竖向高度不大于50m分段设置，因而应急状态下需要停留在避难层的人数较多、人员密度较大。避难区为避难层中可用于人员停留的区域，其布置应确保能在避难区围护结构上设置至少两个不同朝向的自然通风口或可开启外窗，以满足自然对流的通风要求，尽量将开口设置在相对面的外墙上，不应只设置在一面外墙上。当开口设置在相邻的外墙上时，应保证自然通风的路径流畅、有效作用范围能覆盖整个避难区，而不能仅保证设置开口的局部区域防烟有效。

（2）避难间一般设置在建筑内靠近疏散楼梯间或消防电梯附近，大多是专为特定人群使用的建筑而设，或者在不要求设置避难层但竖向疏散距离较长的建筑、难以完全按照要求设置避难层的建筑等建筑中为提高人员的疏散安全而设，使用面积需要根据实际避难人数或不少于楼层上总疏散人员的1/4按照人均占用面积不小于0.25m²考虑，大多在20m²以内。为满足方便使用的要求，避难间的位置往往受到较大限制，难以在避难间不同朝向的外墙上设置可开启外窗或开口。因此，允许在避难间的外墙上设置至少一个朝向的开启外窗或开口，具备条件的避难间应尽量在多个朝向设置自然通风防烟开口，以提高避难间的安全性。避难层自然通风口设置示意参见图11-5，图中的避难区在三个朝向的外墙上均设置了有效开口面积不小于2m²的可开启外窗。

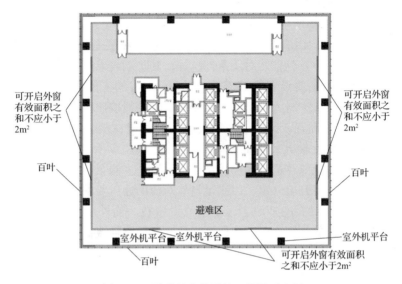

图 11-5　避难层自然通风口设置示意图

11.2.5　机械加压送风系统的送风量应满足不同部位的余压值要求。不同部位的余压值应符合下列规定：

　　1　前室、合用前室、封闭避难层（间）、封闭楼梯间与疏散走道之间的压差应为 25Pa～30Pa；

　　2　防烟楼梯间与疏散走道之间的压差应为 40Pa～50Pa。

【条文要点】

　　本条规定了机械加压送风系统为满足防烟要求应达到的基本余压值。

【实施要点】

　　（1）机械加压送风系统的送风量应满足不同部位的余压值要求。机械加压送风系统是强制防烟系统，其设置应满足防烟部位的防烟性能要求，该性能由防烟部位的正压值或开口部位的风速体现。建筑中疏散楼梯间和前室的防烟性能一般用其中送风后产生的正压值反映，而该压力值取决于系统的送风量。因此，系统应根据防烟部位的正压要求和送风方式计算所需送风量，并按照不小于计算风量的 1.2 倍确定风机的风量后选择合适型号的送风机。

（2）机械加压送风系统在防烟部位的余压值，是考察机械加压送风系统性能和是否发挥作用的一个重要技术指标。当选择送风机后，应校核风机的风量在防烟部位可能形成的正压情况，当正压值大于本条规定和门的开启力要求时，应设置调压装置调节。该正压值应为在加压送风部位围护结构上的门、窗等开口关闭时，足以阻止外部烟气在热压、风压、浮力等联合作用下进入防烟区域，同时又不会增加人员开启疏散门的开启力所需最低压力。当只在防烟楼梯间设置加压送风系统时，应通过增加楼梯间内的压力使楼梯间内的空气经过前室向疏散走道流动，将烟气阻挡在楼梯间和前室外；当防烟楼梯间和前室均设置机械加压送风系统时，要使楼梯间内的压力高于前室的压力，前室的压力高于疏散走道内的压力。

（3）从防烟角度考虑，防烟部位的正压值越高，防烟效果越好；从人员疏散考虑，要求疏散门朝疏散方向开启，因而防烟所需正压的作用力方向与门的开启方向相反，会增大人员开启疏散门的力，影响人员安全疏散。因此，本条所规定的不同防烟部位所需余压值范围，还需在具体工程中综合考虑该部位的位置、建筑内疏散人员的特性、机械加压送风系统的设置情况、火灾规模及其烟气生成量等因素，在校核人员开启疏散门所需力后确定，以选择合适型号的加压送风机或调压装置。

11.2.6 机械加压送风系统应与火灾自动报警系统联动，并应能在防火分区内的火灾信号确认后 15s 内联动同时开启该防火分区的全部疏散楼梯间、该防火分区所在着火层及其相邻上下各一层疏散楼梯间及其前室或合用前室的常闭加压送风口和加压送风机。

【条文要点】

本条规定了火灾时首先应开启的加压送风机和送风口范围，

也是保证人员疏散的安全性要求。

【实施要点】

（1）建筑发生火灾后，根据现行国家标准《火灾自动报警系统设计规范》GB 50116—2013的规定，需要向整座建筑发出火警信息，但如何组织疏散则要视建筑的具体情况并根据消防应急疏散预案确定。当火灾发生在建筑的地上楼层时，一般需要首先疏散着火层和着火层上下各一层的人员，再依次疏散上部楼层、下部楼层的人员。因此，在火灾自动报警系统确认火警后，首先应联动启动着火所在防火分区全部疏散楼梯间的加压送风机和送风口，并同时开启着火防火分区所在楼层及其上一层和下一层的疏散楼梯间及其前室（包括合用前室）的送风口和送风机，其他楼层楼梯间前室的加压送风机和送风口可以不同时开启。

应注意的是，对于具有地下室的建筑或只有地下楼层的建筑，当在地下空间发生火灾时，应仔细研究地下空间的功能和防火分隔情况后确定控制相关送风口和送风机的启动控制方案。当地下空间为同一种功能时，一般应同时开启着火防火分区所在楼层、首层及地下其他各层的疏散楼梯间及其前室（包括合用前室）的送风口和送风机；当地下空间具有多种功能时，通常不同功能之间应采用防火墙分隔成不同的防火分区，此时可以只开启着火防火分区所在楼层、首层及地下其他各层与着火所在功能区域有关的疏散楼梯间及其前室（包括合用前室）的送风口和送风机；如不同功能之间的防火分隔的可靠性较低，则需要研究联动开启相邻功能区防烟部位送风口和送风机的必要性。

（2）机械加压送风系统应与火灾自动报警系统联动自动启动，确保机械防烟系统在相应区域发生火灾时能及时、准确启动。有关系统联动的要求，参见本章第11.1.5条【实施要点】和现行国家标准《火灾自动报警系统设计规范》GB 50116—2013第4.1节和第4.5.1条、第4.5.3条、第4.5.5条的规定。

11.3 排　烟

11.3.1 同一个防烟分区应采用同一种排烟方式。

【条文要点】

本条规定了防烟分区的排烟方式，以防止不同排烟方式同时动作而引发短路，影响排烟效率。

【实施要点】

（1）防烟分区是在排烟场所的顶棚下采用挡烟垂壁分隔而成，用于蓄积烟气的区域。划分防烟分区旨在提高排烟效率，使排烟系统设置更加合理，避免烟气蔓延和影响范围扩大。

（2）如前所述，排烟可以采用自然排烟和机械排烟两种方式实现。自然排烟是利用火灾热烟气流的浮力和外部风压作用，通过建筑物上的开口将烟气直接排至室外。机械排烟是利用排烟风机通过机械力作用将烟气排至室外，通常设置排烟管道系统，有时也可以直接利用排烟风机排烟。

（3）在同一个防烟分区内不应同时采用自然排烟方式和机械排烟方式。根据自然排烟方式和机械排烟方式的工作原理可知，在同一个防烟分区内同时采用两种不同的排烟方式排烟，必然导致需要自然排烟的排烟口成为补充空气的进风口，不仅会干扰排烟区域的流场，而且可能导致排出去的烟气从自然排烟口倒灌回建筑内，影响排烟效果，甚至使这两种排烟方式都失去排烟作用。

（4）在同一个空间划分多个防烟分区且这些防烟分区不同时排烟时，不同防烟分区可以采用不同的排烟方式，但要尽量采用同一种排烟方式。如果不同防烟分区需同时排烟，并且要采用不同排烟方式时，应经试验或数值模拟分析研究其相互影响，确定排烟系统设置的可行性和有效性。

11.3.2 设置机械排烟系统的场所应结合该场所的空间特性和功能分区划分防烟分区。防烟分区及其分隔应满足有效蓄积烟气和阻止烟气向相邻防烟分区蔓延的要求。

【条文要点】

本条规定了防烟分区划分的基本原则和性能要求。

【实施要点】

（1）防烟分区应结合排烟场所的空间特性划分。对于绝大部分建筑物，机械排烟系统需要设置排烟管道与排烟风机连接，并在管路系统上设置必要的控制阀门，这些既要增加投资还要占用室内空间。排烟实质上是利用外部空气置换排烟空间内烟气的过程。因此，排烟系统的管道大小、排烟风机的排烟能力与防烟分区或排烟空间的体积、设计需要保持的烟气层高度直接相关。排烟量越大，要求排烟管道断面、风机排烟量越大，相应的电源保证等都需要提高要求，但火场的火灾烟气生成量和蔓延范围在机械排烟系统工作过程中是受一定限制的，因而不考虑火灾实际和排烟空间的特性设置排烟系统，不仅不经济，而且有时受空间条件限制还难以实现。此外，烟气的竖向升腾高度和横向蔓延范围受火源大小和蔓延速度（主要为横向蔓延速率）、烟气温度与环境温度之间的温差、空间高度、空间形状（如是狭长还是长宽比较小）影响较大。防烟分区应综合考虑这些因素对系统设置、系统的排烟效果、工程实施性等的影响划分。

空间特性主要指排烟场所的平面形状和建筑面积大小、室内净空高度、顶棚形状、开口的位置、大小和数量等情况、疏散出口设置情况、内部分隔或隔断情况等。

（2）防烟分区应结合排烟场所的功能分区划分。在建设工程中，不同的功能区域一般应采取防火措施相互分隔，不同功能区域的火灾危险性和火灾特性也有一定差异，按照功能分区划分防烟分区，可以使排烟系统设置更加有针对性、更加合理和有效。

（3）防烟分区需要采用挡烟垂壁分隔围合。挡烟垂壁用于阻挡火灾的烟气横向扩散，既受到火源的热辐射作用，也受到烟气的热传导作用，一般应为不燃性和受热不易被破坏的安全材料，可以直接采用建筑内具有一定耐火性能的建筑构件或结构，不应采用受热后容易发生破坏并形成会对物品和人体产生伤害作用的材料或结构。

建筑中的结构梁、隔墙等既有耐火构件可以用作挡烟垂壁，一般应为不燃性的结构；但对于木结构建筑，也可以采用具有相应耐火性能的难燃性建筑构件或具有较高耐火性能的木结构梁体，如耐火极限不低于 0.50h 的防火隔墙、耐火极限不低于 1.00h 的胶合木或 CLT 梁体等。尽管现行消防救援行业标准《挡烟垂壁》XF 533—2012 规定了挡烟垂壁的性能要求并要求应采用不燃性材料，但实际建设工程中排烟场所的火灾情况和空间特性相差较大，但只要挡烟垂壁能在排烟系统正常工作的时间内保持其挡烟功能，不会导致火势蔓延和因材料选用不合适对下部物品和人员产生安全隐患，应允许使用难燃性建筑构件或具有较高耐火性能的木结构构件。

挡烟垂壁的耐火性能和凸出顶棚的深度应根据其设置空间的高度、可能的火灾烟气生成量、设计最小清晰高度（即烟气层距离楼地面的最低高度）等情况确定，耐火极限一般不应低于 0.50h，凸出顶棚的深度不小于室内净高的 20%。空间高度越高，挡烟垂壁凸出顶棚的深度应越大；火灾烟气生成量越大、需要防烟分区的蓄烟容积越大，挡烟垂壁凸出顶棚的深度应越大。不论采用何种形式划分防烟分区，挡烟垂壁的设置都要满足有效储烟、不会导致烟气溢出防烟分区蔓延的要求，挡烟垂壁凸出顶棚的深度不应小于设计储烟仓的深度。

（4）防烟分区的大小应满足相应场所有效蓄烟和防止烟气扩

散至防烟分区外的要求。防烟分区的最大面积及长边长度需综合考虑顶棚高度、火源大小、储烟仓形状等具体情况确定，其大小既要考虑烟气水平蔓延时不会因卷吸大量冷空气发生沉降而降低排烟效率，也要考虑不会因储烟仓的储烟能力不足导致烟气溢出到相邻防烟分区。正常室内空间高度情况下，烟气产生顶棚射流后的横向蔓延半径约30m，这是确定防烟分区面积和边长的基本依据。

所谓"有效蓄烟"，是指能够在防烟分区内形成排烟所需厚度的烟气层，该烟气层厚度可以满足排烟系统有效排烟，不会在排烟过程中出现被吸穿而导致烟气层下部空气被吸入排烟系统的情况。同时，烟气层的厚度不会大于挡烟垂壁的深度。

11.3.3 机械排烟系统应符合下列规定：

1 沿水平方向布置时，应按不同防火分区独立设置；

2 建筑高度大于50m的公共建筑和工业建筑、建筑高度大于100m的住宅建筑，其机械排烟系统应竖向分段独立设置，且公共建筑和工业建筑中每段的系统服务高度应小于或等于50m，住宅建筑中每段的系统服务高度应小于或等于100m。

【条文要点】

本条是机械排烟系统设置的基本要求，以防止火势经排烟管道蔓延，保证系统排烟的有效性和可靠性。

【实施要点】

（1）机械排烟系统横向应按不同防火分区独立设置。防火分区是控制建筑物内火灾蔓延的基本空间单元，沿横向设置的机械排烟系统应避免管道穿越防火分区，不允许在同层几个防火分区共用一套机械排烟系统，以防止火灾经排烟管道和防火阀蔓延至着火区域外的其他防火分区，保证防火分区的完整性和防火分隔的可靠性。排烟管道的设置应防止排出的高温烟气经排烟管道表面引燃周围可燃物，尽量防止因管道布置不合理而增加对排烟管道的过高耐火性能要求。机械排烟系统按照不同防火分区独立设置，要求系统的排烟风机、排烟管道和排烟口均应独立，但消防电源可以共用。机械排烟系统横向布置示意参见图11-6。图中的机械排烟系统按照防火分区完全独立设置，每个防火分区的机械排烟系统互不影响。

（2）建筑高度高的工业与民用建筑，机械排烟系统应合理分段设置。机械排烟系统依靠机械力将火场的烟气强制排出，理想的情况是与横向布置时一样每层每个防火分区设置一套独立的系统，但是这在实际工程中不仅增加很大成本，而且往往难以实现，甚至无法实现。但一套机械排烟系统如担负楼层数太多或竖向高度过高，又容易导致管道系统的沿程阻力损失大、空气泄露量大，不能保证烟气及时、有效排出。另外，通过竖向排烟管井连接各楼层每个防火分区的排烟管道系统，相当于排烟风机房利用竖向井道将若干个应独立设置的系统串联在一起，一旦风机房或风机出现故障，将导致建筑这部分或整体的排烟系统无法在火灾时排烟，降低了机械排烟系统的可靠性，影响建筑的整体消防安全性能。因此，机械排烟系统在竖向的设置既要考虑系统的可靠性要求，也要考虑实际工程的可实施性，结合设备层、避难层等合理分段设置。机械排烟系统竖向分段布置示意参见图11-7，图中的建筑分段设置了两个独立的排烟系统，上部排烟系统的排烟机房设置在屋顶，下部排烟系统的排烟机房设置在中间楼层。

11.3.4 兼作排烟的通风或空气调节系统的性能应满足机械排烟系统的要求。

【条文要点】

本条规定了通风、空气调节系统与排烟系统合用时的基本性能要求。

【实施要点】

（1）通风或空调系统允许兼作火灾时的排烟。机械排烟系统

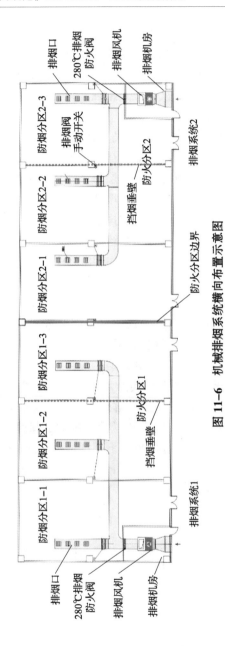

图 11-6 机械排烟系统横向布置示意图

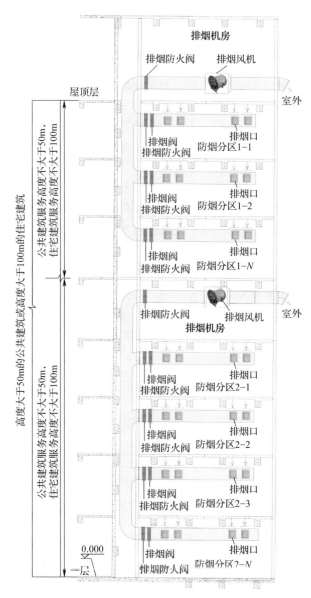

图11-7 机械排烟系统竖向分段布置示意图

一般需要单独设置，但对于室内空间局促难以布置多套风管系统的场所，可以相互利用。

（2）兼作排烟的通风或空调系统应满足机械排烟系统的相关性能要求。通风或空气调节系统兼作机械排烟系统，实际上是其风管系统合用，而风机和消防电源往往独立，部分场所（如隧道和地铁区间）为兼用。不同用途的系统，对管道材料、壁厚和耐火等性能、防火阀的动作和耐火性能以及相关控制等的要求不同。机械排烟系统要求的主要性能为：排风口的大小和风速，阀门的耐高温性能和密闭性，风道的材质、密闭性能和耐高温性能，风机的耐高温性能和风量等。系统从正常通风和空调运行状态转为排烟状态的时间和相关机构的控制应符合排烟系统正常工作和及时排烟的要求。例如，通风空调系统的风口一般为常开风口，而机械排烟是按照防烟分区启动相关阀门，需确保及时关闭非排烟区域的通风口。

11.3.5 下列部位应设置排烟防火阀，排烟防火阀应具有在280℃时自行关闭和联锁关闭相应排烟风机、补风机的功能：

1 垂直主排烟管道与每层水平排烟管道连接处的水平管段上；

2 一个排烟系统负担多个防烟分区的排烟支管上；

3 排烟风机入口处；

4 排烟管道穿越防火分区处。

【条文要点】

本条规定了排烟防火阀的功能要求和设置要求，以防止火势经排烟管道系统蔓延。

【实施要点】

（1）排烟防火阀由阀体、叶片、执行机构和温感器等部件组成，起隔烟阻火作用的阀门。该类防火阀安装于机械排烟管道上，平时呈开启状态，火灾时当排烟管道内烟气温度达到280℃时关闭，用于阻止带火烟气或高温烟气进入排烟管道系统，保护排烟风机和排烟管道，防止火灾向其他区域蔓延。排烟防火阀要求具有一定的烟密闭性能和耐火完整性能。排烟防火阀的性能应符合现行国家标准《建筑通风和排烟系统用防火阀门》GB 15930 的要求。

（2）排烟防火阀是为阻止高温烟气或串火而设置的，应具有在 280℃时自行关闭，并在关闭时联锁关闭相应系统中排烟风机、补风机的功能。在火灾时，烟气流经管路上的任一排烟防火阀在 280℃关闭后，均应能联锁相关风机停止运行，防止系统管道内产生负压而被破坏。在火灾时具体需要联动哪些设施，如何实现本条规定的联动功能，将由下一层级的技术标准规定，如国家标准《建筑防烟排烟系统技术标准》GB 51251。

（3）机械排烟管道系统尽管在横向是按照一个防火分区独立设置，在竖向是通过排烟管道竖井连接楼层各防火分区管道系统，但在同一个防火分区或一个防火分区的同一个楼层内仍存在采用防火隔墙划分的不同房间或区域，建筑中的不同楼层绝大多数情况下是属于不同的防火分区，排烟管道系统是属于不同的系统，需要在不同排烟管道系统的连接处、排烟管道穿过防火分区、重要的防火分隔墙体处以及进入排烟风机房处设置排烟防火阀，以有效防止火势的蔓延，保证防火分隔的有效性。在穿越处的管道及其防火封堵的耐火性能均不应低于所穿越结构的耐火性能要求。有关结构的耐火性能要求，参见现行国家标准《建筑设计防火规范》GB 50016 等标准的规定；有关防火封堵的技术要求，参见现行国家标准《建筑防火封堵应用技术标准》GB/T 51410—2020 的规定。

11.3.6 除地上建筑的走道或地上建筑面积小于 500m² 的房间外，设置排烟系统的场所应能直接从室外引入空气补风，且补风量和补风口的风速应满足排烟系统有效排烟的要求。

【条文要点】

本条规定了补风系统设置及其性能的基本要求，以保证建筑内的人员疏散安全。

【实施要点】

（1）根据空气流动原理，在排出某一区域空气的同时必须有另一部分空气与之补充。向排烟空间补风是为了形成理想的气流组织，以保证排烟效果。补风可以采用自然补风和机械补风的方式实现，当排烟场所的排烟量小、建筑缝隙或开口的补风能够满足有效排烟的要求时，可以不采取专门的补风措施。

（2）补风应能直接从室外引入空气，一般采用管道和进风口或建设工程中直接对外的开口（如房间门或外窗、隧道洞口等，但不应利用在火灾时需要关闭或具有自闭功能的开口）从室外取风。补风口可以设置在本防烟分区内，也可以设置同一空间的其他防烟分区内；对于在一些高大空间（如高铁的候车厅、民用机场的候机楼）内分隔的较小房间（如配套的商业设施、辅助办公室等），其排烟也可以经高大空间直接对外的开口补风，而不一定要采用管道和进风口直接从室外取风。补风量不应过小，过小会导致排烟困难；也不宜过大，过大难以保持排烟空间具有一定的负压。

（3）补风口的风速、设置位置要合理，补风口应位于设计清晰高度下部或储烟仓下部。补风口的风速和位置应避免补风口的风速过大和设置位置过高而干扰烟气羽流及烟气层。有关补风系统的详细技术要求，参见现行国家标准《建筑防烟排烟系统技术标准》GB 51251 的规定。

12　火灾自动报警系统

12.0.1　火灾自动报警系统应设置自动和手动触发报警装置，系统应具有火灾自动探测报警或人工辅助报警、控制相关系统设备应急启动并接收其动作反馈信号的功能。

【条文要点】

本条规定了火灾自动报警系统的基本组成和功能要求。

【实施要点】

（1）火灾自动报警系统是火灾探测报警与消防联动控制系统的简称，是以实现火灾早期探测和报警、向各类消防设备发出控制信号并接收设备反馈信号，实现预定消防功能为基本任务的一种自动消防设施。火灾自动报警系统除担负火灾探测报警和消防联动控制的基本任务外，还具有对相关消防设备实现状态监测、管理和控制的功能，是建筑消防设施实现现代化管理的基础设施。火灾自动报警系统（集中报警系统）基本构成示意如图12-1所示。

（2）系统能自动探测并自动发出报警信号，是火灾自动报警系统必须具备的基本功能。火灾探测报警系统是实现火灾早期探测并发出火灾报警信号的系统，一般由火灾触发装置、火灾报警装置和火灾警报装置等组成。火灾触发装置包括自动触发器件和手动触发器件两种类别。

1）自动触发器件是对火灾参数（如烟雾、温度、火焰辐射、气体等）响应，并自动产生火灾报警信号的器件，包括各种类别的火灾探测器。

2）手动触发器件是用于人工辅助报警的装置，即手动火灾报警按钮。

自动和手动触发装置是火灾探测报警系统的基本组成部分，

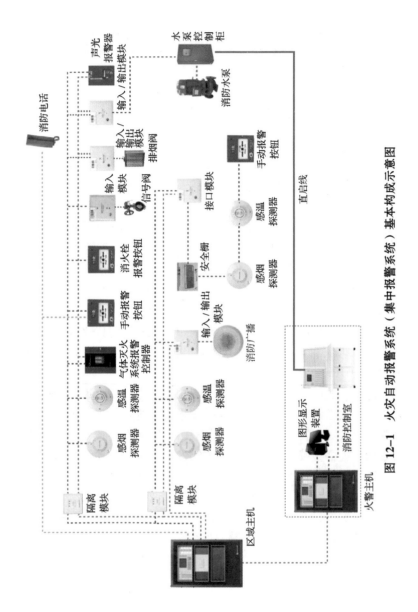

图 12-1 火灾自动报警系统（集中报警系统）基本构成示意图

在火灾自动报警系统中应同时设置。

（3）火灾自动报警系统控制相关系统设备应急启动并接收其动作反馈信号的功能包括两部分，一是启动相关警报装置（如声、光警报器），监控火灾探测器、报警器、消防电源等相关设备的运行状态信号的功能；二是联动控制建筑消防设施的功能，如自动灭火系统、防火卷帘、排烟系统以及防火门状态监控等。第二部分的功能可以根据建筑内消防设施的设置情况确定。

消防联动控制系统是接收火灾报警控制器发出的火灾报警信号，按预设逻辑完成各项消防功能、接收并显示受控设备动作及反馈信号的控制系统。消防联动控制器接收到火灾报警信号后，应能按照预设的逻辑和时序通过消防电气控制装置（自动灭火系统电气控制装置、防排烟系统电气控制装置）或消防联动控制模块控制相应受控设备的启动、停止，并接收受控设备的动作反馈信号，实现对其他建筑消防设施、设备的控制及运行状态监管。火灾自动报警系统与联动控制系统架构参见图12-2。

12.0.2　火灾自动报警系统各设备之间应具有兼容的通信接口和通信协议。

【条文要点】

火灾自动报警系统各组成设备、部件之间通信接口和通信协议的兼容，是确保系统运行的稳定性和可靠性的基本保障条件。

【实施要点】

（1）构成火灾自动报警系统的组成部件种类繁多，在实际工程中采用的火灾报警控制器或消防联动控制器可能需要配接不同供应商提供的火灾探测器；根据消防联动控制功能要求，消防联动控制器需要控制不同供应商提供的消防电气控制装置或消防设备。不同供应商提供的火灾自动报警系统及其联动控制装置之间也应具有兼容的通信接口和通信协议，以便能够相互进行有效的数据交换，确保系统运行的稳定性和系统控制的可靠性。

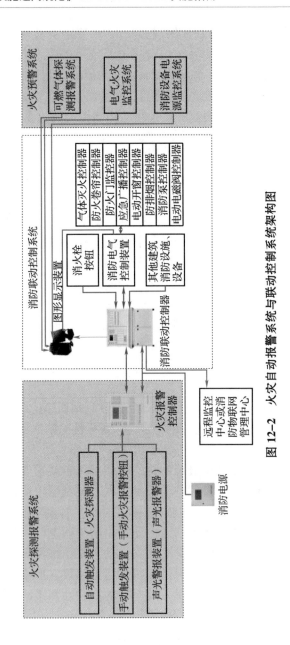

图 12-2 火灾自动报警系统与联动控制系统架构图

（2）火灾自动报警系统各组成设备、部件之间以及与火灾自动报警系统连接的各类设备之间的通信接口和通信协议的兼容性要求，应符合现行国家标准《火灾自动报警系统组件兼容性要求》GB 22134 的规定。

12.0.3 火灾报警区域的划分应满足相关受控系统联动控制的工作要求，火灾探测区域的划分应满足确定火灾报警部位的工作要求。

【条文要点】

在建设工程中合理划分火灾报警区域和探测区域是火灾自动报警系统设计的前提。本条规定了火灾自动报警系统火灾报警区域和火灾探测区域划分的基本原则。

（1）火灾报警区域应根据建设工程中受控系统、设备的设置情况，结合该受控系统的消防功能，按照消防联动控制系统的控制逻辑要求划分，以确保火灾报警控制器准确确认火灾报警区域，满足消防联动控制器或消防电气控制装置对受控设备联动控制编程的要求。

（2）火灾探测区域应根据火灾探测器的工作原理，结合保护对象的空间特性、探测器的设置部位划分，使火灾探测器能够及时、准确报警，消防安全管理人员能够准确确定发出火灾报警信号的具体位置。

【实施要点】

为了实现火灾的早期探测报警，需在建设工程中的火灾监测区域内设置火灾探测器，在方便人员操作和及时报火警的位置设置手动火灾报警按钮。火灾探测器或手动火灾报警按钮等触发器件发出火灾报警信号后，火灾报警控制器将识别并显示报警部件所在位置。在设置火灾自动报警系统的空间内划分火灾报警区域和探测区域，并在火灾报警控制器上将触发器件的设置位置与该报警区域一一对应，能更好地实现火灾自动报警系统的火灾探测报警及联动控制功能。

（1）火灾报警区域可以理解为满足受控系统、设备控制逻辑而在建设工程中划分的物理空间。根据现行国家标准《火灾报警控制器》GB 4717 的要求，火灾报警控制器在接收到同一报警区域内 2 个及以上触发器件的火灾报警信号后才能发出火灾报警信号，同时向消防联动控制器发出该区域的火灾报警区域信号。

1）对于火灾探测报警系统，在建设工程中划分火灾报警区域，可以根据设置火灾自动报警系统的空间特性，结合报警触发装置的设置和运行情况准确地确认火灾，并向消防联动控制器发送火灾报警区域信号。

2）对于消防联动控制系统，消防联动控制器在接收到火灾报警控制器的火灾报警区域信号后，需要按照预设的控制逻辑控制相应的受控系统、设备动作。由于不同建设工程中消防设施的功能不同、设置部位不同，其控制逻辑（即触发信号的组成和逻辑关系）也各异。因此，对于建设工程中的不同功能的消防设施，其报警区域的划分要求也有所区别。报警区域应根据消防设施的功能和设置情况，按照其控制逻辑（确认火灾的条件）划分消防设施的设置场所。部分受控系统报警区域的划分原则如表 12-1 所示。

表 12-1　部分受控系统报警区域的划分原则

序号	受控系统	报警区域
1	火灾警报和消防应急广播	防火分区、楼层
2	消防应急照明和疏散指示系统	
3	机械加压送风系统	
4	机械排烟系统	防烟分区
5	预作用喷水灭火系统	防护区域
6	雨淋系统	
7	气体灭火系统	防护区

（2）火灾探测区域可以理解为显示在火灾报警控制器上、消防管理人员可以独立识别的物理空间。火灾探测区域的划分应综合考虑火灾探测器的选型和设置。

火灾探测器的监测区域即是其探测区域，但每一个独立火灾探测器的监测区域与火灾报警控制器上显示的火灾探测区域并不具有完全的对应关系。火灾探测器根据其监测范围的不同，分为点型火灾探测器和线型火灾探测器两种类型。

1）对于点型火灾探测器，探测器的设置部位即是其监测区域，一般对应火灾报警控制器上的一个独立的探测区域。但是，对于建筑面积较大的开敞房间，其中设置的多个点型感烟火灾探测器可以对应火灾报警控制器上的同一个探测区域。尽管这些探测器在控制器上具有同一地址注释，但是在火灾确认时，每个探测器仍应作为一个独立的触发器件。

2）对于线型探测器，探测器的监测区域可能是一个空间，也可能是一排或几排电缆托盘、槽盒，或是一个货架或一个货架中的几层。

（3）划分探测区域应注意以下事项：

1）点型探测器的探测区域划分，应根据探测器设置场所的几何尺寸（长、宽、高），按照探测器设置高度对应的保护半径核定每个探测区域内探测器的设置数量。当探测器的保护半径不满足要求时，应在该探测区域内增设探测器。

2）线型感温火灾探测器的探测区域划分，应结合自动灭火系统等受控系统的报警区域划分进行。

3）在高架仓库等场所内设置管路采样吸气式感烟火灾探测器时，每个探测器的探测区域不应超出一个货架或消防管理人员的视线范围。

12.0.4 火灾自动报警系统总线上应设置总线短路隔离器，每只总线短路隔离器保护的火灾探测器、手动火灾报警按钮和模块等设备的总数不应大于32点。总线在穿越防火分区处应设置总线短路隔离器。

【条文要点】

为减少系统设备或回路总线短路故障的影响范围，有效降低系统的故障风险，本条规定了火灾报警控制器和消防联动控制器回路总线上短路隔离器的基本设置要求：

（1）应以防火分区为单元在每个回路总线上分段设置总线短路隔离器，当回路总线穿越防火分区时，应在穿越处增设一个总线短路隔离器。

（2）每个总线短路隔离器保护的回路总线段带载的火灾探测器、手动火灾报警按钮、联动控制模块等现场部件的数量不应大于32个。

【实施要点】

（1）火灾报警控制器采用报警回路总线连接火灾探测器、手动火灾报警按钮等触发部件，消防联动控制器采用联动回路总线连接联动控制模块、消火栓按钮等联动控制部件。目前，大多数火灾自动报警系统产品将火灾报警控制器和消防联动控制器集合为一体，即火灾报警控制器（联动型），部分火灾报警控制器（联动型）产品的回路总线可同时配接火灾探测器、手动火灾报警按钮和联动控制模块，即其回路总线同时具有报警总线和联动总线的功能。

在实际工程中，由于控制器总线回路敷设长度较长，且带载的现场部件较多，一旦某一现场部件故障或某一段线路短路，就会导致整个回路全线故障。因此，在火灾报警控制器和消防联动控制器的回路总线上应设置相应的总线短路隔离器，以有效降低系统失效的风险。这样，总线短路隔离器分段防护回路总线及其带载部件的短路故障，将出现故障的总线段中其他部分隔离，保障其他部分总线带载设备的正常运行，从而有效减少故障的波及范围。按照现行国家标准《火灾自动报警系统设计规范》GB 50116—2013第3.1.5条的规定，每一总线回路连接设备的总数不宜超过 200 点，其中每一联动总线回路连接设备的总数不宜超过 100 点；当回路总线同时具有报警总线和联动总线的功能时，需首先满足其配接的联动控制部件的数量不超过 100 点的要求。

（2）短路隔离器的设置应遵循以下原则：

1）应根据所用产品回路总线的结构，在回路主干线的分支处采用树干式或环网式连接方式设置短路隔离器，且每个短路隔离器保护的设备数量不应超过 32 个。

2）火灾报警控制器的报警回路总线往往需要连接不同防火分区内的现场部件。为了避免某一防火分区内发生火灾导致该区域回路总线的故障影响其他区域内现场部件的正常运行，应在回路总线穿越防火分区处设置短路隔离器。

3）自带总线短路隔离功能的火灾探测器、手动报警按钮等现场部件，不需要在配接上述产品的回路总线上额外设置总线短路隔离器。

12.0.5　火灾自动报警系统应设置火灾声光警报器。火灾声光警报器应符合下列规定：

1　火灾声光警报器的设置应满足人员及时接受火警信号的要求，每个报警区域内的火灾警报器的声压级应高于背景噪声 15dB，且不应低于 60dB；

2　在确认火灾后，系统应能启动所有火灾声、光警报器；

3　系统应同时启动、停止所有火灾声警报器工作；

4　具有语音提示功能的火灾声警报器应具有语音同步的功能。

【条文要点】

为确保人员及时、准确地获取火灾警报信息，本条规定了火灾声光警报装置的设置和控制的基本性能和功能要求。

（1）火灾声光警报装置应以报警区域等为基本单元设置，其设置部位和数量应能满足报警区域内的所有人员及时获取火灾报警的声信号和光信号。

（2）火灾声光警报器应在火灾自动报警系统确认火灾后同时启动，或在需要解除时同时停止。

【实施要点】

系统在火灾确认后启动火灾警报器发出火警信号，是火灾自动报警系统的基本功能之一。确认火灾后，火灾自动报警系统启动火灾警报装置发出刺耳的啸叫声和炫目的光向设置场所内的人员传递火灾报警信息。目前，火灾声光警报装置普遍采用火灾声光警报器，同时具有火灾声警报和光警报的功能。

（1）为了使设置场所内的所有人员及时感知火灾警报装置发出的声警报和光警报信息，火灾警报装置的设置应遵循下列原则：

1）应以报警区域为基本单元设置火灾声光警报器，如本章第12.0.3条【实施要点】所述，基于火灾警报装置的控制逻辑考虑，报警区域一般应按防火分区或楼层划分。

2）火灾声警报的设置应确保声警报信号覆盖整个报警区域，其声压级应高于设置场所的背景噪声15dB，且不应低于60dB。

3）火灾报警的光信号主要是用于让听力障碍人群获知火灾信息，应设置在每个防火分区或楼层的疏散楼梯间入口、消防电梯前室、疏散走道或设置场所内部拐角等与安全出口或疏散出口临近且便于发现的明显部位。

（2）为便于系统在确认火灾后准确传递火灾报警信息，火灾警报装置的控制应遵循下列原则：

1）由于火灾发生的不确定性和火灾发展蔓延的特性随空间情况有较大差异，发生火灾后，应在第一时间向设置场所内所有人员传递火灾报警信息，即应能控制系统中的所有火灾警报器启动，发出火灾声、光报警信号。

2）当系统中同时设置火灾警报装置和消防应急广播系统时，应先利用火灾警报装置刺耳的啸叫发出火警信号，再利用消防广播扬声器播放火警信息和疏散引导信息，以更加有利于人员的安全疏散。为了避免火灾声警报音影响人员获取消防应急广播信息，系统应能确保不同火灾声警报信息传递的一致性，即同时控制火灾声光警报器的启动和停止。

3）语音提示功能与消防应急广播功能类似。当火灾声光警报器具有语音提示功能时，火灾声光警报器应具有语音同步功能，使人员能够准确获取语音提示信息。

12.0.6 火灾探测器的选择应满足设置场所火灾初期特征参数的探测报警要求。

【条文要点】

火灾探测器的合理选型是确保火灾探测器对设置场所初起火灾及时、准确探测报警的前提，本条规定了火灾探测器选型的原则。

【实施要点】

火灾探测器是能对烟雾、温度、火焰辐射、气体等火灾参数响应，并自动产生火灾报警信号的器件，属于火灾自动报警系统的自动触发器件，是火灾自动报警系统的基本组成部件之一。

（1）为了确保火灾探测器及早准确探测设置场所的初起火灾，应根据探测器设置场所可能的初起火灾的形成和发展特征、空间几何特性和环境条件、联动控制要求以及可能引起误报的干扰源等因素选择适宜类型的火灾探测器，并应遵循以下原则：

1）对于火灾初起时有阴燃阶段，产生大量的烟和少量的热，很少或没有火焰辐射的场所，应选择感烟火灾探测器。

2）对于火灾发展迅速，产生大量热、烟和火焰辐射的场所，可选择感温火灾探测器、感烟火灾探测器、火焰探测器或其组合。

3）对于火灾发展迅速，有强烈的火焰辐射和少量烟、热的场所，应选择火焰探测器。

4）对于火灾初起时有阴燃阶段且需要早期探测的场所，宜增设一氧化碳火灾探测器。

5）对于使用、生产可燃气体或可燃蒸气的场所，应选择可燃气体探测器。

6）对于火灾形成特征复杂、难以预测的场所，应根据模拟试验结果选择合适类型的火灾探测器。

（2）根据上述原则确定火灾探测器的类型后，应根据保护对象的空间特性和环境条件等因素选择火灾探测器的型式，即选择点型火灾探测器、线型火灾探测器或图像型探测器等。

（3）根据保护对象对火灾探测报警的时效性要求，选择火灾探测器的灵敏度等级。

12.0.7 手动报警按钮的设置应满足人员快速报警的要求，每个防火分区或楼层应至少设置 1 个手动火灾报警按钮。

【条文要点】

手动火灾报警按钮是组成火灾探测报警系统的基本触发器件。为了确保火灾现场人员在发现火灾时能够及时报警，本条规定了手动火灾报警按钮的设置原则。

【实施要点】

手动火灾报警按钮是以手动方式击发火灾报警信号，用于人工辅助报警的器件，属于火灾自动报警系统的手动触发器件，是火灾自动报警系统最基本的组成部件之一。为了便于人员在发现火灾时，及时向消防控制室报告火警，每个防火分区、划分一个防火分区的每个楼层或者划分为一个防火分区的多个楼层中的每个楼层，均应设置至少 1 个手动火灾报警按钮，且手动报警按钮的设置间距不应大于 30m（直线步行距离）。

正常情况下，手动火灾报警按钮要尽量设置在疏散出口（房间疏散门、楼梯间的楼层入口等安全出口）附近的明显位置，以便于人员快速识别、报警和能在报警后尽快安全撤离现场。

12.0.8 除消防控制室设置的火灾报警控制器和消防联动控制器外，每台控制器直接连接的火灾探测器、手动报警按钮和模块等设备不应跨越避难层。

【条文要点】

本条规定了在设置避难层的建筑中火灾报警控制器和消防联

动控制器设置部位及配接现场设备范围的原则要求，以确保火灾自动报警系统可靠运行。

【实施要点】

建筑高度大于100m的建筑大多用于办公、旅馆和住宅，使用人员多、竖向疏散距离长，人员的疏散时间长。基于人员安全疏散和消防救援等因素，现行国家标准《建筑防火通用规范》规定建筑高度大于100m的工业与民用建筑应设置避难层，其他建筑是否设置避难层可以根据疏散与避难的需要和建筑的实际火灾危险性确定。本条规定的避难层包括建筑高度大于100m的建筑设置的避难层，也包括建筑高度低于100m的建筑设置的避难层。

设置避难层的建筑能提高其防止火灾沿竖向蔓延的性能。建筑内的消防设施一般以避难层为界分段设置，各段设置的消防设施各自独立，可以提高消防设施的可靠性。实际上，不同避难层之间的安全疏散设施和机电设施，是基于将避难层及相关楼层作为相对独立的建筑进行设置和管理。对于设置避难层的建筑，其火灾自动报警系统一般采用"集中"或"集中＋区域"两种不同的架构模式。

（1）"集中"架构模式。仅在消防控制室设置火灾报警控制器和消防联动控制器，采用回路总线的方式连接各个楼层中设置的火灾探测器、手动火灾报警按钮和模块等现场设备。系统采用"集中"架构模式时，不允许同一回路总线跨越避难层连接现场设备。

（2）"集中＋区域"架构模式。在消防控制室设置具有集中控制功能的火灾报警控制器和消防联动控制器，在各个避难层设置区域火灾报警控制器和消防联动控制器，并由设置在避难层的区域控制器的回路总线连接该避难层及设置在相关楼层内的火灾探测器、手动火灾报警按钮和模块等现场设备。系统采用"集中＋区域"架构模式时，不允许区域控制器的回路总线跨越避难层连接现场设备。

设置避难层的建筑火灾自动报警系统架构模式示意参见图12-3。

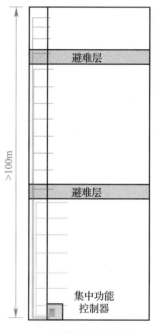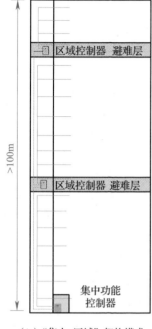

（a）"集中"架构模式　　　　　　　（b）"集中+区域"架构模式

图12-3　设置避难层的建筑火灾自动报警系统架构模式示意图

12.0.9　集中报警系统和控制中心报警系统应设置消防应急广播。具有消防应急广播功能的多用途公共广播系统，应具有强制切入消防应急广播的功能。

【条文要点】

　　消防应急广播系统是集中报警系统和控制中心报警系统的基本组成部分。本条规定了消防应急广播系统的设置原则和合用广播系统强制启动的功能要求，以有效发挥消防应急广播系统的功能。

【实施要点】

　　（1）消防应急广播设备由控制和指示装置、声频功率放大器、传声器、扬声器、广播分配装置、电源装置等部分组成，是在发生火灾或意外事故时通过控制功率放大器和扬声器进行应急广播的设备，其主要功能是向现场人员通报火灾发生警报、指挥并引导现场人员疏散。消防应急广播系统构成示意参见图12-4。

采用集中报警系统和控制中心报警系统的保护对象多为高层建筑或大型工业与民用建筑，这些建筑内人员集中又较多，火灾时影响面大。实践表明，消防应急广播系统在应急情况下播放疏散导引信息可以有效指导建设工程内的人员有序疏散。要求在集中报警系统和控制中心报警系统中设置消防应急广播，可以更好地保障火灾时统一指挥人员有序疏散，提高疏散的效率和安全性。

（2）在建设工程中，消防应急广播系统允许与日常广播或背景音乐系统合用。当消防应急广播系统与日常广播或背景音乐系统合用时，为确保在火灾等紧急情况下可靠启动和使用消防应急广播系统，不管合用广播系统处于关闭还是播放状态，均应能紧急切换到消防应急广播状态。特别应注意，在扬声器设置开关或音量调节器的日常广播或背景音乐系统中，启动消防应急广播时，系统应具有将扬声器用继电器强制切换到消防应急广播线路上的功能。合用广播系统的各设备应符合现行国家标准《消防联动控制系统》GB 16806 的相关要求。

12.0.10 消防控制室内应设置消防专用电话总机和可直接报火警的外线电话，消防专用电话网络应为独立的消防通信系统。

【条文要点】

本条规定了消防控制室外线电话和消防专用电话系统的基本设置要求，以确保火灾时消防控制室和建设工程内重点部位与外部消防救援机构消防通信的可靠性。

【实施要点】

消防电话是用于消防控制室与建设工程中各部位进行全双工语音通话的电话系统。消防电话是与普通电话分开独立设置的专

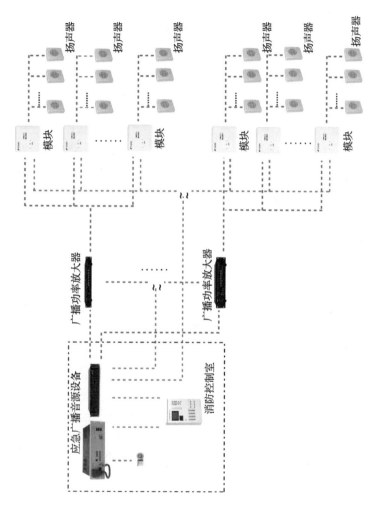

图 12-4　消防应急广播系统构成示意图

用系统，一般采用集中式对讲电话，由消防电话总机、消防电话分机、消防电话插孔构成，参见图12-5。

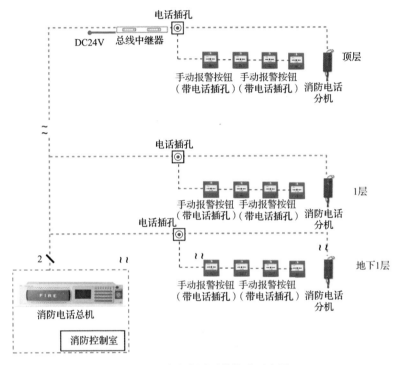

图 12-5　消防电话系统构成示意图

消防控制室是建设工程中的消防信息中心、消防控制中心、日常运行管理中心和各自动消防系统运行状态监控中心，也是建设工程发生火灾和日常消防演练时的应急指挥中心。当建设工程发生火灾时，消防控制室的管理人员需要第一时间掌握火灾的基本情况，按照灭火及应急疏散预案组织人员疏散、利用工程中所设置的消防设施扑救初起火灾。消防控制室通信系统的设置应遵循以下原则：

（1）在火灾工况下，普通电话系统或无线对讲系统受火灾因素的影响可能无法正常工作，往往要依靠消防电话系统。建设工程中设置的消防电话系统应采用独立设置的专用电话网络。在消防控制室设置消防电话主机，在消防水泵房、发电机房、配变电室等与消防救援相关的部位设置消防电话分机，在手动报警按钮、室内消火栓箱或灭火器设置点等位置设置消防电话插孔，以确保上述重要部位在火灾工况下能与消防控制室保持通信畅通。

（2）建设工程中允许将其他用途的电话与消防专用电话合用，但合用系统的各设备应符合现行国家标准《消防联动控制系统》GB 16806 的相关要求。

（3）为确保建设工程的管理人员在火灾时及时向消防救援机构报警、通报火情，消防控制室应设置可直接报火警的外线电话。

12.0.11 消防联动控制应符合下列规定：

1 需要火灾自动报警系统联动控制的消防设备，其联动触发信号应为两个独立的报警触发装置报警信号的"与"逻辑组合；

2 消防联动控制器应能按设定的控制逻辑向各相关受控设备发出联动控制信号，并接受其联动反馈信号；

3 受控设备接口的特性参数应与消防联动控制器发出的联动控制信号匹配。

【条文要点】

火灾时，消防联动控制按照预设的逻辑和时序实现对受控系统设备的联动控制是火灾自动报警系统的基本功能之一。为确保消防联动控制的可靠性，本条规定了系统联动控制的基本要求：

（1）受控消防设备的消防联动控制触发信号应采用两个独立触发装置的"与"逻辑。

（2）消防联动控制器在接收到符合逻辑关系的触发信号后，

应能按照预设的逻辑和控制时序向受控设备发出联动控制信号，并接收受控设备或系统的动作反馈信号。

（3）受控设备与消防联动控制器、模块间的接口以及联动控制信号的形式应互相匹配。

【实施要点】

（1）消防联动控制功能是指消防联动控制器接收火灾报警控制器发送的火灾报警区域信号，并按照预设逻辑和时序控制受控系统、设备的动作，从而实现受控系统消防功能的功能。消防联动控制功能是火灾自动报警系统的基本功能之一，应确保在火灾时火灾自动报警系统对各受控设备的可靠控制。系统的消防联动控制应遵循以下原则：

1）如本章第 12.0.3 条【实施要点】所述，为了实现对受控消防系统的联动控制，需根据受控系统的消防功能和设置情况划分报警区域，并根据受控消防系统的消防功能和工作机理合理确定联动触发信号。联动触发信号应采用 2 个及以上的触发触发装置报警信号的"与"逻辑组成，确保消防联动控制的可靠性，避免出现误动作。

2）火灾警报和消防应急广播系统、消防应急照明和疏散指示系统、机械加压送风系统等与安全疏散相关的系统，在系统确认火灾后即应联动启动控制相关设备。这些联动系统的联动控制触发信号应为相关报警区域的火灾报警确认信号，即由该报警区域两个独立触发装置的报警信号（动作信号）的"与"逻辑组成。

3）火灾时，自动喷水灭火系统、机械排烟系统等自动消防系统需根据受控系统相关部件的动作情况控制相应的系统设备动作。这类自动消防系统的设备联动控制触发信号，应由受控系统相关报警区域的触发器件的报警信号和受控系统相关组件的动作信号的"与"逻辑组成。

4）火灾时，气体灭火系统、疏散通道上设置的防火卷帘等自动消防系统、设备需根据火灾发展蔓延情况，采取两步动作实现其最终的消防功能。每个分步动作均可以采用相关报警区域的一个专用触发器件的报警信号做出联动触发信号。系统完成全部动作仍然需要 2 个及以上独立的触发装置的报警信号的"与"逻辑实现。

5）在确认触发信号时，需要采用 2 个及以上触发装置的报警信号（动作信号）的"与"逻辑；对于具有多级报警功能的火灾探测器，不同级别的火灾报警信号不应视为不同的联动触发信号。

（2）按设定的控制逻辑向各相关的受控设备发出联动控制信号，并接受其联动反馈信号是消防联动控制器的基本功能之一。在工程应用中，应选择符合现行国家标准《消防联动控制系统》GB 16806 相关要求的消防联动控制器，并应按照设计文件要求在消防联动控制器上输入各受控消防系统、设备的消防联动控制逻辑关系。

消防联动控制系统控制的设备种类繁多，为了实现对受控设备的可靠控制，在设计环节应核对各受控设备受控接口的电压等级、启动电流、触点容量、控制方式（电平控制/脉冲控制）等与消防联动控制器或模块之间是否匹配。必要时，应增加现场继电器。在施工后，应对联动控制设备逐个进行调试，并在合格后进行全系统联调。

12.0.12 联动控制模块严禁设置在配电柜（箱）内，一个报警区域内的模块不应控制其他报警区域的设备。

【条文要点】

联动控制模块是消防联动控制系统实现联动控制功能的基本现场部件。本条规定了联动控制模块设置的基本要求，以确保联动控制模块工作的稳定性和可靠性。

【实施要点】

（1）消防联动控制器配接的模块等现场部件的公称工作电

压一般为DC24V，属于弱电控制系统范畴，且消防联动控制器采用回路总线与模块等现场连接。模块设置在配电柜（箱）等强电设备内部时，强电设备产生的高强度电磁干扰容易通过模块串入回路总线，影响回路带载设备的正常工作，或造成设备的损坏。

（2）如本章第12.0.3条【实施要点】所述，火灾自动报警系统是按照报警区域为单元实现对受控设备的联动控制，模块采用跨报警区域的方式进行控制不利于实现联动编程。此外，一旦模块设置区域发生火灾，可能损坏模块或总线回路，导致无法实现模块的跨区域控制。因此，应按照报警区域为单元设置模块，且本报警区域内设置的模块仅能控制本区域内的受控设备。

12.0.13　可燃气体探测报警系统应独立组成，可燃气体探测器不应直接接入火灾报警控制器的报警总线。

【条文要点】

为确保可燃气体探测报警系统和火灾探测报警系统运行的稳定性和可靠性，本条规定了可燃气体探测报警系统设置的基本要求：

（1）可燃气体探测报警系统应作为独立系统单独设置。

（2）可燃气体探测器应接入可燃气体报警控制器，不应直接接入火灾报警控制器的回路总线。

【实施要点】

可燃气体探测报警系统由可燃气体报警控制器、可燃气体探测器和火灾警报装置等组成，可以探测可燃气体泄漏并发出可燃气体超限报警信号，是火灾自动报警系统的独立子系统，属于火灾预警系统。可燃气体探测报警系统构成示意见图12-6，其设置应遵循以下原则：

（1）在建设工程中，可燃探测报警系统应独立设置，由可燃气体报警控制器直接配接可燃气体探测器组成独立的系统。当可燃气体的报警信号需接入火灾自动报警系统时，应由可燃气体报警控制器将信号传输至消防控制室图形显示装置或起集中控制功能的火灾报警控制器上显示，但该类信息与火灾报警信息的显示应有区别。

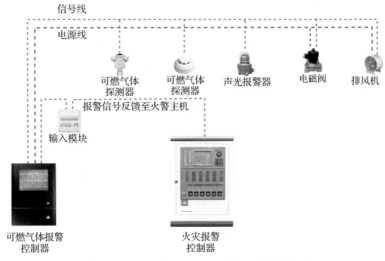

图 12-6　可燃气体探测报警系统构成示意图

（2）可燃气体探测器不应直接接入火灾报警控制器的报警总线。可燃气体探测器的功耗远大于火灾探测器，探测器的使用寿命远低于火灾探测器，且可燃气体探测器需要定期标定。当可燃气体探测器与火灾探测器共用同一总线回路时，上述因素会严重影响同一回路上火灾探测器等现场部件的正常运行。可燃气体探测器报警时需要向控制器传输其监测区域的浓度信息，这些要求与火灾探测器的报警信号有着本质的区别。

12.0.14　电气火灾监控系统应独立组成，电气火灾监控探测器的设置不应影响所在场所供配电系统的正常工作。

【条文要点】

电气火灾监控系统属于供配电的保障系统。本条规定了电气火灾监控系统设置的基本要求，以确保电气火灾监控系统运行的稳定性和供配电系统工作的连续性：

（1）电气火灾监控系统应作为独立系统单独设置。

（2）电气火灾监控系统的设置不应降低供配电系统运行的连续性和可靠性。

【实施要点】

电气火灾监控系统由电气火灾监控设备、电气火灾监控探测器组成，当被保护线路中的被探测参数超过报警设定值时能发出报警信号、控制信号并能指示报警部位，是火灾自动报警系统的独立子系统，属于火灾预警系统。电气火灾监控系统构成示意参见图 12-7，其设置应遵循以下原则：

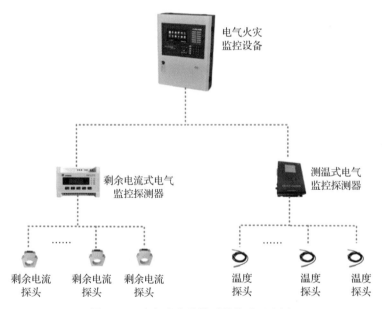

图 12-7 电气火灾监控系统构成示意图

（1）在建设工程中，电气火灾监控系统应独立设置，由电气火灾监控设备直接配接电气火灾监控探测器组成独立的系统；在无消防控制室且电气火灾监控探测器设置数量不超过 8 只时，可采用独立式电气火灾监控探测器。在设置消防控制室的场所，应由电气火灾监控器将系统的运行状态信息传输至消防控制室图形显示装置或具有集中控制功能的火灾报警控制器上显示，但该类信息与火灾报警信息的显示应有区别。

（2）电气火灾监控系统作为一种火灾预警系统，属于供配电系统的保障型系统范畴。当电气火灾监控探测器发出报警时，表示其监视的保护对象发生了异常，具有一定的电气火灾隐患，容易引发电气火灾，但并不表示已经发生了火灾。因此，报警后没有必要自动切断保护对象的供电电源，只要提醒管理人员及时查看电气线路和设备，排除电气火灾隐患即可。电气火灾监控探测器的设置不宜在供配电系统中增加额外的节点，以免增加新的电气故障隐患。

12.0.15 火灾自动报警系统应单独布线，相同用途的导线颜色应一致，且系统内不同电压等级、不同电流类别的线路应敷设在不同线管内或同一线槽的不同槽孔内。

【条文要点】

本条规定了火灾自动报警系统布线的基本要求：

（1）火灾自动报警系统应作为独立的电气系统单独布线。

（2）不同电压等级、不同电流类别的系统线路不允许同管、同槽孔敷设。

（3）同一工程内相同用途的导线颜色应一致。

【实施要点】

火灾自动报警系统属于电气系统范畴，火灾报警控制器、消防联动控制器等控制类设备需要通过电线电缆连接现场设备。系统线路的敷设方式及质量决定了系统运行的稳定性和可靠性，系统布线是系统设计和施工的重要环节之一。系统的布线应遵循以下原则：

（1）火灾自动报警系统属于独立的建筑消防电气系统，系统的布线直接影响系统运行的稳定性，系统的各类线路应作为独立系统单独敷设。火灾自动报警系统设备种类繁多，不同类型设备的电压等级、电流类别不尽相同。为确保系统设备，尤其是火灾探测器、模块等弱电设备运行的稳定性和可靠性工作，不同电压等级的系统线路不允许在同一根导管或同一槽盒内的同一槽孔内敷设。

（2）为了有效降低施工人员接线错误率，便于系统的施工、调试和维护保养，在系统线路选型环节，应对不同用途的线路采用不同颜色区分，确保在同一工程内相同用途的导线颜色一致，并与其他用途导线的颜色有明显区别。一般电源线的正极（+）采用红色导线、电源线的负极（-）采用蓝色或黑色导线。

目前，大多数火灾自动报警系统产品均采用无极性二总线技术，即回路总线不区分正负极。对于这样的系统产品，设计及施工单位也宜按照有极性系统选择导线的颜色。

12.0.16 火灾自动报警系统的供电线路、消防联动控制线路应采用燃烧性能不低于 B_2 级的耐火铜芯电线电缆，报警总线、消防应急广播和消防专用电话等传输线路应采用燃烧性能不低于 B_2 级的铜芯电线电缆。

【条文要点】

系统中电线电缆外护套的选型是系统布线设计的关键环节，电线电缆外护套的防火性能对系统在火灾工况下的安全性等级和运行可靠性有较大影响。本条规定了火灾自动报警系统线路选型的基本要求：

（1）系统的报警回路总线、消防应急广播和消防专用电话等传输线路应具有相应的阻燃性能，且应为燃烧性能不低于 B_2 级的铜芯电线电缆。

（2）系统的供电线路、消防联动控制线路应具有一定的耐火性能和相应的阻燃性能，且应为燃烧性能不低于 B_2 级的耐火铜芯电线电缆。

（3）电线、电缆的燃烧性能应符合现行国家标准《电缆及光缆燃烧性能分级》GB 31247—2014 的规定。

【实施要点】

如本章第 12.0.15 条【实施要点】所述，火灾报警控制器、消防联动控制器等控制类设备需要通过系统线路连接现场设备，系统线路的选型在很大程度上影响着系统运行的可靠性和系统的本质安全性。系统线路的选型应遵循以下原则：

（1）火灾探测报警系统、消防应急广播系统和消防电话系统的消防功能，是在火灾初期完成火灾探测报警、消防应急广播和消防应急通信功能，对这些系统的传输线路不需要严格的耐火性能要求。在实际应用中，系统的报警回路总线、消防应急广播和消防专用电话等传输线路可以选择具有耐火性能的电线电缆，也可以选择不具备耐火性能的电线电缆。但是，为了避免火灾沿上述系统线路蔓延或被火焰、高温引燃，系统线路采用的电线电缆应具有一定的阻燃性能。

（2）系统的供电线路、消防联动控制线路需要在火灾时连续工作。为确保系统联动控制功能的可靠性，系统的供电线路、消防联动控制线路应具有一定的耐火性能，即应采用具有耐火性能的电线电缆。同时配接火灾探测器和模块的火灾报警控制器（联动型）的回路总线，应按照消防联动控制线路的要求采用具备耐火性能的电线电缆。

（3）基于工作稳定性和可靠性的考虑，系统的传输线路应采用铜芯导体。

（4）现行国家标准《电缆及光缆燃烧性能分级》GB 31247—2014 将电缆的燃烧性能分为 4 个等级，见表 12-2。系统中电线电缆的燃烧性能应符合 GB 31247—2014 的相关规定，并且在人员密集场所中的系统线路应选择燃烧性能不低于 B_1 级的电线电缆，其他场所中的系统线路可以选择燃烧性能不低于 B_2 级的电线电缆。

表 12-2　电缆的燃烧性能分级

燃烧性能分级	说明
A	不燃电缆
B_1	阻燃 1 级电缆
B_2	阻燃 2 级电缆
B_3	普通电缆

在现行国家相关技术标准中有具体要求的，在工程中选用的电线电缆还要符合这些标准的规定。例如，现行国家标准《火灾自动报警系统设计规范》GB 50116—2013 第 11.2.2 条规定，火灾自动报警系统的供电线路、消防联动控制线路应采用耐火铜芯电线电缆，报警总线、消防应急广播和消防专用电话等传输线路应采用阻燃或阻燃耐火电线电缆。《民用建筑电气设计标准》GB 51348—2019 第 13.8.4 条规定，在人员密集场所的疏散通道中，火灾自动报警系统的报警总线应选择燃烧性能 B_1 级的电线、电缆；其他场所的报警总线应选择燃烧性能不低于 B_2 级的电线、电缆。消防联动总线及联动控制线应选择耐火铜芯电线、电缆。电线、电缆的燃烧性能应符合现行国家标准《电缆及光缆燃烧性能分级》GB 31247 的规定。

12.0.17　火灾自动报警系统中控制与显示类设备的主电源应直接与消防电源连接，不应使用电源插头。

【条文要点】

控制与显示类设备是火灾自动报警系统的核心设备，其供电的可靠性直接影响系统能否可靠、稳定运行和发挥作用。本条规定了火灾报警控制器等控制与显示类设备主电源的供电与连接要求：

（1）控制与显示类设备的主电源应由市政电源提供的消防电源回路供电。

（2）控制与显示类设备与消防电源供电线路应直接连接。

【实施要点】

火灾自动报警系统的控制与显示类设备主要包括火灾报警控制器、消防联动控制器、火灾显示盘、控制中心监控设备、家用火灾报警控制器、消防电话总机、可燃气体报警控制器、电气火灾监控设备、防火门监控器、消防设备电源监控器、消防控制室图形显示装置、传输设备、消防应急广播控制装置等。为确保这些设备运行的稳定性和可靠性，其供电应遵循以下原则：

（1）作为建设工程中的消防设施，其主电源应采用市政电源保障的专用消防电源回路供电。消防电源应满足所设置火灾自动报警系统供电负荷等级的供电要求。

（2）为确保控制与显示类设备供电的可靠性，这些设备应与消防电源供电回路采用接线端子直接连接，接线处应设置永久性的标志，不应采用电源插头方式连接。

（3）控制与显示类设备供电回路的开关应设置火灾时不能随意切断的标志，或与其他供电回路分开设置。

12.0.18 火灾自动报警系统设备的防护等级应满足在设置场所环境条件下正常工作的要求。

【条文要点】

系统设备的 IP 防护等级是确保系统设备在不同环境，尤其是潮湿、多尘等恶劣环境条件下稳定、可靠运行的前提。本条规定了火灾自动报警系统设备 IP 防护等级的性能要求。

【实施要点】

设备的 IP 防护等级是表征电气设备防外物侵入、防水能力的性能指标，由两个数字所组成，第 1 个数字表示接触物保护和外来物保护等级，如防尘、防止外物侵入，第 2 个数字表示防水保护等级，数字越大表示防护等级越高。为确保系统设备运行的稳定性，系统设备的 IP 防护等级应根据其设置场所的环境条件选择。根据现行国家标准《外壳防护等级（IP 代码）》GB/T

4208—2017 的规定，IP 防护等级的划分要求如图 12-8 所示，如 IP65 表示防尘和防溅水。设置在部分特殊场所的系统设备，其 IP 防护等级不应低于下述要求：

（1）设置在室外或地面上，不应低于 IP67；

（2）设置在管廊、交通隧道、地铁隧道区间等潮湿场所时，不应低于 IP65。

图 12-8　IP 等级的划分要求